丛书主编　于康震

动物疫病防控出版工程

马传染性贫血

EQUINE INFECTIOUS ANEMIA

孔宪刚　王晓钧｜主编

中国农业出版社

图书在版编目（CIP）数据

马传染性贫血 / 孔宪刚，王晓钧主编．—北京：中国农业出版社，2015.6
（动物疫病防控出版工程 / 于康震主编）
ISBN 978-7-109-20661-8

Ⅰ．① 马…　Ⅱ．① 孔…② 王…　Ⅲ．① 马传染性贫血病毒－感染－防治　Ⅳ．① S852.65

中国版本图书馆CIP数据核字（2015）第168810号

中国农业出版社出版
（北京市朝阳区麦子店街18号楼）
（邮政编码100125）
策划编辑　黄向阳　邱利伟
责任编辑　周锦玉

北京通州皇家印刷厂印刷　　新华书店北京发行所发行
2015年12月第1版　　2015年12月北京第1次印刷

开本：710mm × 1000mm　1/16　　印张：12.25
字数：200千字
定价：50.00元

本书编写人员

主　编　孔宪刚　王晓钧

编　者　孔宪刚　王晓钧　林跃智
　　　　马　建　杜　承　王雪峰
　　　　那　雷　魏丽丽　相文华
　　　　王凤龙　艾有为　苏增华

总　序

近年来，我国动物疫病防控工作取得重要成效，动物源性食品安全水平得到明显提升，公共卫生安全保障水平进一步提高。这得益于国家政策的大力支持，得益于广大动物防疫人员的辛勤工作，更得益于我国兽医科技不断进步所提供的强大支撑。

当前，我国正处于加快建设现代养殖业的历史新阶段，人民生活水平的提高，不仅要求我国保持世界最大规模的养殖总量，以满足动物产品供给；还要求我们不断提高养殖业的整体质量效益，不断提高动物产品的安全水平；更要求我们最大限度地减少养殖业给人类带来的疫病风险和环境压力。要解决这些问题，最根本的出路还是要依靠科技进步。

2012年5月，国务院审议通过了《国家中长期动物疫病防治规划（2012—2020年）》，这是新中国成立以来，国务院发布的第一个指导全国动物疫病防治工作的综合性规划，具有重要的标志性意义。为配合此规划的实施，及时总结、推广我国最新兽医科技创新成果，同时借鉴国外先进的研究成果和防控经验，我们通过顶层设计规划了《动物疫病防控出版工程》，以期通过系列专著出版，及时将研究成果转化和传播到疫病防控一线，全面提高从业人员素质，提高我国动物疫病防控能力和水平。

本出版工程站在我国动物疫病防控全局的高度，力求权威性、科学性、指导性和实用性相兼容，致力于将动物疫病防控成果整体规划实施，重点把国家优先防治和重点防范的动物疫病、人兽共患病和重大外来动物疫病纳入项目中。全套书共31分册，其中原创专著21部，是根据我国当前动物疫病防控工作的实际需要而规划，每本书的主编都是编委会反复酝酿选定的、有一定行业公认度的、长期在单个疫病研究领域有较高造诣的专家；同时引进世界兽医名著10本，以借鉴世界同行的先进技术，弥补我国在某些领域的不足。

本套出版工程得到国家出版基金的大力支持。相信这些专著的出版，将会有力地促进我国动物疫病防控水平的提升，推动我国兽医卫生事业的发展，并对兽医人才培养和兽医学科建设起到积极作用。

农业部副部长

前　言

进入21世纪以来，随着我国畜牧业的飞速发展和经济的快速转型，在集约化养殖与自然散养等多种养殖模式并存的今天，畜禽流动频繁，多种病原发生变异，我国与世界其他国家一样，动物疫病防制面临着前所未有的挑战。动物传染病的防控情况是一个国家兽医能力的具体体现。无论是针对具体疾病的科学研究、疾病防控制品的研发，还是国家兽医体系的综合执行，都对疾病的控制至关重要。我国在新中国成立初期条件极端困难的情况下通过疫苗免疫和综合防控措施消灭了牛瘟，又在21世纪之初成功消灭了牛肺疫，这些都是兽医防制工作的里程碑式的成果。

马传染性贫血的控制是我国疫病防控的又一个伟大成绩。马传染性贫血是新中国成立以来危害养马业的最重要的传染病之一。在20世纪50年代我国国民经济和军事极大依赖马的特定历史时期，马传染性贫血的大面积流行给国家带来了巨大灾难。我国科学家从20世纪50年代起就开始投入大量的人力物力开展该病的研究，并在70年代取得了世界性的突破，首次研究成功了马传染性贫血弱毒疫苗并将其应用于全国大部分地区，使得马传染性贫血发病率迅速下降。经过几十年努力，目前我国大部分地区消灭了该病。《2020年动物疫病中长期规划》中明确提出，我国将要在2020年在全国范围内消灭马传染性贫血。

马传染性贫血病毒和艾滋病病毒同属逆转录病毒科慢病毒属。马传染性贫血弱毒疫苗的研制成功开启了慢病毒免疫保护的新篇章，对该疫苗免疫保护机制的研究无疑会对免疫学和疫苗学具有积极的促进作用。

在于康震先生的倡导和组织下，我们组织哈尔滨兽医研究所从事马传染性贫血研究的科技人员编写了本书，从该病的病原学、流行病学、免疫学和疫苗学等多方面进行了描述，并且总结了我国在自20世纪70年代以来对该病的预防与控制经验，旨在为兽医工作者、动物病毒科学研究者及大专院校师生提供参考。

由于时间仓促，编写人员水平所限，加上部分历史资料搜集困难，书中疏漏与错误之处在所难免，敬请读者批评指正。

编　者

目 录

总序
前言

第一章 概述 1

第一节 马传染性贫血的定义 2
第二节 马传染性贫血的认知史 2
第三节 马传染性贫血的流行及危害 4
参考文献 5

第二章 病原学 7

第一节 分类和命名 8
第二节 形态结构和化学组成 8
第三节 生物学特性和理化特性 9
一、EIAV 的血凝性 9
二、EIAV 的细胞嗜性 12
三、EIAV 的理化特性 15
第四节 基因组结构和功能 16
一、*gag* 基因及其编码蛋白 18

二、*pol* 基因及其编码蛋白 …… 20
三、*env* 基因及其编码蛋白 …… 22
四、调节蛋白及其编码蛋白 …… 25
五、EIAV 的非编码区——LTR …… 27
第五节 EIAV 基因组转录和复制 …… 29
一、病毒侵入 …… 30
二、反转录与整合 …… 31
三、转录与翻译 …… 31
四、包装与释放 …… 33
第六节 EIAV 的变异及抗原性 …… 33
一、*env* 基因的变异 …… 34
二、*rev* 基因的变异 …… 38
三、LTR 的变异 …… 39
四、*S2* 的变异 …… 42
五、EIAV 抗原性 …… 44
第七节 宿主对 EIAV 的免疫控制 …… 45
一、EIAV 细胞免疫研究进展 …… 45
二、EIAV 体液免疫研究进展 …… 47
三、天然免疫限制因子 …… 48
四、免疫逃避 …… 53
第八节 EIAV 的致病机制 …… 54
参考文献 …… 56

第三章 生态学和流行病学 …… 61

第一节 EIAV 自然史 …… 62
一、传染源 …… 62
二、传播途径 …… 62
三、易感动物 …… 63
四、流行规律和特点 …… 64
第二节 世界 EIA 流行情况 …… 65
一、世界 EIA 流行史（欧美） …… 65

二、世界 EIA 流行现状（欧美）…… 65
第三节 我国 EIA 流行情况…… 69
一、我国 EIA 流行史…… 69
二、我国 EIA 流行现状…… 71
参考文献…… 72

第四章 临床症状及病理变化…… 75

第一节 临床症状…… 76
一、一般症状…… 76
二、临床分型…… 77
第二节 病理变化…… 79
一、急性型…… 79
二、亚急性型…… 82
三、慢性型…… 84
参考文献…… 86

第五章 诊断…… 91

第一节 临床诊断…… 92
一、急性型…… 93
二、亚急性型…… 93
三、慢性型…… 94
四、隐性型…… 94
第二节 血清学诊断…… 94
一、补体结合反应…… 95
二、琼脂凝胶免疫扩散试验（AGID）…… 96
三、血清中和试验…… 98
四、酶联免疫吸附试验（ELISA）…… 99
五、蛋白免疫印迹（western blot）…… 100
第三节 病原学诊断…… 100
一、病毒分离…… 101

二、免疫组化试验 …… 102
三、聚合酶链反应 …… 102
四、马体试验 …… 103
第四节 鉴别诊断 …… 104
参考文献 …… 104

第六章 疫苗研究及应用 …… 105

第一节 EIAV 疫苗研究史 …… 106
一、我国 EIAV 疫苗研究史 …… 106
二、国外 EIAV 疫苗研究史 …… 110
第二节 我国 EIAV 减毒活疫苗的研究及应用 …… 112
一、马传贫驴白细胞弱毒疫苗的制备 …… 112
二、马传贫弱毒疫苗的应用 …… 120
第三节 减毒活疫苗免疫保护机制研究进展 …… 124
一、EIAV 强弱毒株基因组的差异分析对致弱和保护机制研究的提示意义 …… 125
二、EIAV 强弱毒诱导特异性免疫应答的差异分析对免疫保护研究的提示意义 …… 127
第四节 EIAV 减毒活疫苗对其他慢病毒疫苗研究的启示 …… 135
参考文献 …… 138

第七章 我国 EIA 的防控、成就及经验 …… 141

第一节 EIA 防控的基本策略 …… 142
一、加强管理 …… 142
二、定期检疫 …… 142
三、封锁与净化 …… 143
第二节 我国 EIA 防控历史及现状 …… 143
一、我国 EIA 防控历史 …… 143
二、我国 EIA 防控现状 …… 159

第三节 我国进行EIA防控取得的重要经验 163
一、加强领导，把EIA防制工作列入重要议事日程，作为一项长期工作抓实、抓好，是搞好EIA防控工作的关键 163
二、依靠科技进步，科研同生产相结合是防控EIA的重要途径 165
三、大面积应用驴白细胞弱毒疫苗对防控EIA起到了决定性作用 166
四、扑杀病畜，消灭传染源是有效防控EIA的重要措施 167
五、以产地检疫为主，加强传染源管理是有效防控EIA的重要手段 168
六、大力宣传，提高广大干部、群众对防控EIA的认识，是做好EIA防控的基础 168
七、加强技术培训，提高疫病防控人员的业务水平，是搞好EIA防控的保障 169

附录 171

附录一 马传染性贫血琼脂凝胶免疫扩散试验操作方法 172
附录二 马传染性贫血酶联免疫吸附试验（间接法） 175
附录三 马传染性贫血鉴别诊断 177

第一章

概　　述

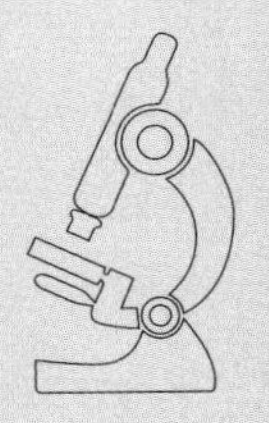

第一节 马传染性贫血的定义

马传染性贫血（equine infectious anemia，EIA）简称马传贫，在北美，因多发生于潮湿沼泽地带，称为沼泽热（swamp fever）；在日本，因患病马后肢无力，步态蹒跚，又称为“晃荡病”，是由马传染性贫血病毒（equine infectious anemia virus，EIAV）引起的马属动物的一种传染病。其临诊特征是发热、贫血、出血、黄疸、心脏衰弱、浮肿和消瘦等。发热特点具有周期性，即发热期症状明显，无热期症状减轻或暂时消失，且发热程度随着疾病的进展而逐渐减弱，发热的间隔时间亦逐渐延长，最终进入无症状期变为隐性带毒马，成为该病的传染源。病理变化主要是肝、脾、淋巴结等器官网状内皮细胞变性、增生和铁代谢障碍等。EIA是对养马业具有严重危害的传染病,世界动物卫生组织曾将其列为B类动物疫病，我国农业部将其列为二类动物疫病。

第二节 马传染性贫血的认知史

马传染性贫血于1843年首先在法国被发现。1851年，Delafond对其临床病理学进行了描述。1904年，法国学者Vallee和Carre证明EIA病原是滤过性的，由此命名为EIAV。

1961年，日本学者Kabayashi在体外用马驹骨髓细胞、马外周血白细胞等马的16种组织培养物上成功培养EIAV。该病毒在这些细胞上繁殖并可产生细胞病变（cell pathologacal effect, CPE），复归马能复制出典型的EIA，这不但确定了EIAV与EIA的因果关系，对EIAV及其疾病的深入研究也是一个里程碑。一方面，用体外培养的病毒作为抗原，建立了许多血清学检测方法，其中琼脂凝胶免疫扩散试验（AGID）和酶联免疫吸附试验（ELISA）已被广泛使用，许多国家采用诊断、隔离或追杀的防制措施，基本上控制了EIAV的流行。另一方面，EIAV体外培养的成功，使对病毒的形态和分类、分子结构与功能，以及疫苗的研究成为可能。

1977年，研究证明EIAV是RNA病毒、含有逆转录酶，从而将其划入逆转录病毒科。进一步的研究表明，EIAV与梅迪–维斯纳病毒（Maedi–Visna virus, MVV）,即原型病毒冰岛株，在形态学、血清学、基因组组学及细胞嗜性上相似，故将其列为慢病毒属的成员。

Kono等从试验感染马体中连续分离EIAV并进行血清中和试验，结果表明EIAV在马体内具有连续发生抗原漂移的现象。这一发现也成为严重制约EIA疫苗研究的瓶颈。而沈荣显等将EIAV先后通过驴体和驴白细胞体外连续传代，成功培育了EIAV驴白细胞弱毒疫苗株，从而突破了慢病毒不能免疫的禁区，至今在该领域研究中仍具有里程碑式的意义。Montelaro等为解释这种EIAV抗原漂移与免疫保护这一矛盾统一体的现象，在对EIAV抗原漂移的分子基础、EIA灭活疫苗、EIA弱毒疫苗及EIAV试验感染马的研究分析基础上，前瞻性地提出了EIAV感染马体的免疫控制理论学说。

1984年，Montagnier等发现EIAV与人类免疫缺陷病毒（human immunodeficiency virus，HIV）在形态和结构上相似，而且具有抗原相关性，因此可将其作为HIV的免疫动物模型，探索HIV疫苗的研究，从而在分子水平上推动了EIAV的深入研究。至此，人们对EIAV的研究意义有了新的评价，通过在分子水平上的研究，确定了EIAV的结构基因、调节基因及它们的编码蛋白，建立了抗原漂移的分子基础，提出了与EIAV持续性感染有关的转录调控理论、与保护性免疫有关的免疫调控理论。

第三节 马传染性贫血的流行及危害

EIAV只感染马属动物，主要经吸血昆虫传播。近十年来，该病在世界范围内的流行趋于平稳，有的感染马群长期呈隐性带毒状态，在临床上无任何表现，其原因尚不清楚，推测是病毒高度变异的结果。

本病于1843年发现于法国的Haut–Maut，由于流行及病症严重，造成13万多匹马死亡。经过两次世界大战，该病已传遍世界上几乎所有的养马国家。根据1977年联合国粮农组织的报告，有31个国家存在此病，中南美洲的某些国家疫情较为严重，包括巴西、阿根廷、哥伦比亚、巴拉圭、委内瑞拉、巴拿马、多米尼加和危地马拉等国家。

古往今来，马属动物在我国农牧业生产、交通运输、军队建设、农牧民致富中起着重要作用。特别对牧区的少数民族来说，马仍是交通、运输和耕作的主力，生活起居离开马几乎寸步难行。因此，马传贫的发生和流行曾给我国农牧业生产，尤其是对牧区少数民族造成了非常严重的损失。特别是病马和隐性感染马长期带毒，给农牧业生产和人力、物力、财力造成的损失更是难以计算。

该病在我国的流行，最早可追溯到20世纪30年代日军侵华时期，在军马和日本移民开拓团的马匹中曾有流行。1954年，我国从苏联进口的马匹曾暴发EIA。1958年，我国又从苏联进口一批马，当时未经隔离检疫就被分配到农村与当地马混群饲养，之后不久，在这些地区相继暴发EIA，造成马匹的大量死亡。

据不完全统计，1959—1975年，全国共检疫马传贫马2 419.6万匹；扑杀马传贫马14.2万匹；检出病畜54.0万匹；因马传贫死亡10.0万匹，造成直接经济损失8.34亿元。1976—1990年，全国因马传贫造成的直接经济损失为10.26亿元。1959—1990年，全国有来不及定性死亡50万匹马传贫马，共损失为5亿元。

1980年以来，随着全国范围内高密度连续免疫注射马传贫疫苗，目前全国疫情得到有效控制，已降到非常低的水平。但由于我国疫区广泛，不能排除少数地区还不同程度地存在隐性、慢性病马，且由于自然因素、社会因素的影响，仍有暴发、流行的可能。

参考文献

ARCHER B G, CRAWFORD T B, MCGUIRE T C, et al.1977. RNA-dependent DNA polymerase associated with equine infectious anemia virus[J].J Virol(22): 16–22.

CHEEVERS W P, ARCHER B G, CRAWFORD T B.1977. Characterization of RNA from equine infectious anemia virus[J]. J Virol(24): 489–497.

GONDA M A, WONG-STAAL F, GALLO R C, et al.1985.Sequence homology and morphologic similarity of HTLV- Ⅲ and visna virus, a pathogenic lentivirus[J]. Science(227): 173–177.

KABAYASHI K.1961. Studies on the cultivation of equine infectious anemia virus in vitro I. Serialcultivation of the virus in the culture of various horse tissues[J].Virus(11): 177–189.

KABAYASHI K.1961. Studies on the cultivation of equine infectious anemia virus in vitro Ⅱ. Propagation of thevirus in horse bone marrow culture[J]. Virus(11): 189–201.

KABAYASHI K.1961. Studies on the cultivation of equine infectious anemia virus in vitro Ⅲ. Propagation of the virus in horse leukocyte culture[J].Virus(11): 249–256.

KONO Y, KOBAYASHI K, FUKUNAGA Y. 1973.Antigenic drift of equine infectious anemia virus in chronically infected horses[J].Arch Gesamte Virusforsch(41): 1–10.

LIGNEE M.1843. Mémoire et observations sur une maladie de sang, connue sous le nom d’anhémie hydrohémie, cachexie acquise du cheval[J].Rec. Med. Vet (20): 30–45.

第二章

病 原 学

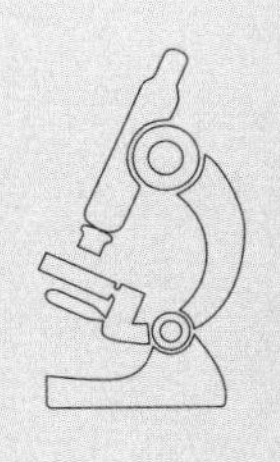

第一节 分类和命名

根据国际病毒分类委员会最新分类，马传染性贫血病毒（EIAV）属于反转录病毒科（Retroviridae）慢病毒属（Lentivirus）的马慢病毒群。慢病毒这一术语最早由Sigurdsson在1954年研究绵羊梅迪-维斯纳病时提出，一直沿用至今。慢病毒属包含以下成员：

1. 牛免疫缺陷病毒（bovine immunodeficiency virus, BIV）
2. 马传染性贫血病毒（equine infectious anemia virus, EIAV）
3. 猫免疫缺陷病毒（feline immunodeficiency virus, FIV）
4. 山羊关节炎-脑炎病毒（caprine arthritis-encephalitis virus，CAEV）
5. 绵羊梅迪-维斯纳病毒（Maedi-Visna virus，MVV）
6. 人免疫缺陷病毒1型（human immunodeficiency virus type 1, HIV-1）
7. 人免疫缺陷病毒2型（human immunodeficiency virus type 2, HIV-2）
8. 猴免疫缺陷病毒（simian immunodeficiency virus，SIV）
9. 狮慢病毒（puma lentivirus）

第二节 形态结构和化学组成

EIAV粒子在电镜下呈球形，直径为90～120nm，病毒粒子有囊膜，囊膜厚约9nm，囊膜外有小的表面纤突。病毒囊膜下面包裹一个40～60nm电子密度的锥形核心。EIAV的结构见图2－1。

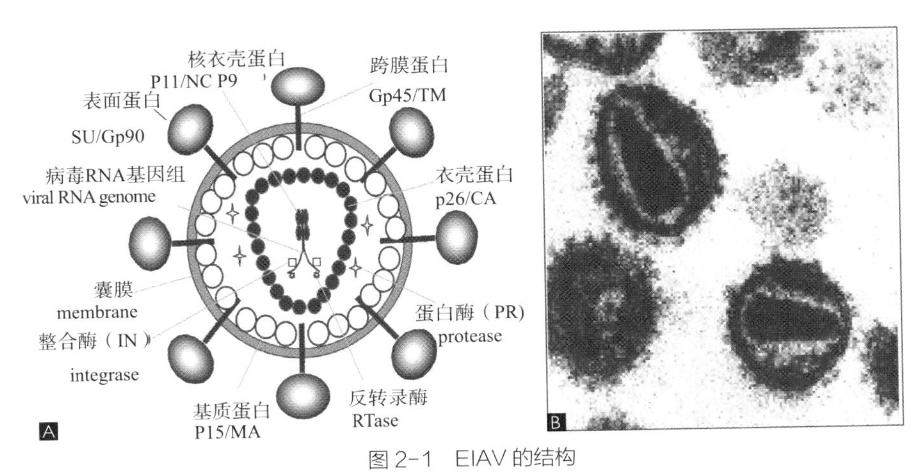

图2－1 EIAV的结构

A．马传染性贫血病毒粒子结构模式 B．电镜下观察到的马传染性贫血病毒粒子

第三节 生物学特性和理化特性

一、EIAV的血凝性

1976年Sentsui等报道，以马真皮细胞系培养的EIAV可以凝集豚鼠红细胞。由于这种血凝活性不能与感染性或补体结合性抗原分开，也不能用氯化铯密度梯度离心法分离，因此认为血凝素是与病毒紧密结合或者就是病毒的某种成分。应用脂溶剂如乙醚处理，不仅能破坏血凝活性，而且也破坏了感染性。过碘酸钾和磷酸酯酶C处理能降低感染性，却毫不影响血凝活性。相反，胰蛋白酶处理可降低血凝活性，却毫不降低感

染性。血凝活性比感染性更能抵抗紫外线照射和甲醛处理。这些结果说明，脂蛋白或其他乙醚敏感物质可能在EIAV对红细胞表面的吸附过程中起重要作用。以神经氨酸酶处理可以提高EIAV的血凝活性。传染性贫血马血清中含有高滴度的血凝抑制抗体，该抗体出现于接种后60～150d，持续时间长，与中和抗体的出现时间相似，与补体结合性抗体及沉淀抗体不同。

Sentsui等报道，以马白细胞培养物培养的6株马传染性贫血毒株均可凝集马红细胞。这种血凝活性用乙醚处理后仍然稳定，而以胰蛋白酶、甲醛及过碘酸钾处理后活性降低。用氯化铯密度离心法测定，血凝素存在于两个密度范围，1.15～1.16g／cm^3和1.27g／cm^3。当以乙醚处理后，血凝素只存在于1.27g／cm^3的密度范围。红细胞上的血凝素受体可被胰蛋白酶及甲醛灭活，可被神经氨酸酶处理所增强。同源病毒株感染马的血清可以抑制血凝。

EIAV可感染所有马属动物，自然感染对马的致病性较明显，也有骡和驴发病的报道。在试验感染马和小马过程中，当病毒载量达到血浆中（0.5～1）$\times 10^8$拷贝/mL的病毒时，临床症状即出现。然而，病毒载量是否达到或者超过该阈值取决于病毒株系、宿主天然免疫系统抗击疾病的能力和马匹种类。已经发现有对马高致病力的EIAV毒株，可致马或者小马发展为严重或者致死性疾病，然而用同样的EIAV株系感染驴，却没有观察到EIAV感染相关的临床症状，驴血液中EIAV的滴度比马低1 000倍。对于驴体内是否存在一种天然防御机制，或者是否EIAV一旦适应马属动物的一种，就不能在其他马属动物体内复制的机制尚不清楚。然而，马源EIAV株在马和驴单核细胞衍生的巨噬细胞中具有同等水平的复制率，这些提示对于驴的保护机制并不依赖于简单的宿主细胞限制。

促炎症细胞因子介导急性EIA相关的临床症状，比如肿瘤坏死因子（TNF－α）、白介素6（IL－6）和转移生长因子β（TGF－β）。当组织相关的病毒载量达到阈值水平时，这些细胞因子被激发和释放。虽然已证实EIAV感染破坏宿主细胞对TNF－α、IL－1α、IL－1β和IL－6基因表达的调节，但旁细胞或者感染的巨噬细胞作为细胞因子产生的主要来源是不清楚的。IL－6和TGF－α一旦被释放，二者将激活花生四烯酸通路增加前列腺素E2（PGE－2）的产生，进而诱导发热反应。反之，TNF－α/TGF－β介导抑制巨噬细胞克隆生长和TNF－α下调红细胞生成，进而引起血小板减少症的发生。在小鼠体内，TNF－α通过刺激细胞大量地表达55ku肿瘤坏死因子受体1（TNFR1），后者释放血小板颉颃物（包括凝血酶、胞浆素和血清素），进而引起严重的血小板减少症。

虽然在大多数情况下，在急性期，促炎症细胞因子引起临床症状的发生；在EIA致病性方面，获得性免疫反应同样发挥重要作用。在EIAV感染马体内，血小板被免疫介导机制所破坏，因为其结合IgG或者IgM。除了加重血小板减少症，该过程还会引起脾和肝肿大。补体C3包裹的红细胞遭受吞噬作用，该过程不仅导致贫血，而且引起肝脏、脾脏和淋巴结组织巨噬细胞中出现含铁血黄素。此外，慢性EIAV感染马肾脏组织中经常发生肾小球纵增厚，这些与肾小球基底膜和肾小球系膜免疫球蛋白和补体C3的沉积有关。

氧化应激在慢病毒感染方面发挥重要作用，具体为其有助于病毒的复制，同时炎症反应降低免疫细胞增殖。基于收集的马匹大样本数据分析，EIAV感染可以通过改变谷胱甘肽过氧化物酶和尿酸水平调节氧化剂和抗氧化剂平衡。在血清阳转后1年内的感染马和大于5岁的马匹中，这些效应更加明显。

我国在早期研制EIAV弱毒疫苗过程中，将一株对马高致病力毒株（马强毒）接种驴，初期不能引起驴出现临床症状，在经过连续驴体传代过程中，该毒株进化为对驴高度致死的病毒株（驴强毒），然而将驴强毒在驴白细胞体外连续传代125代后，该病毒对马和驴的致病力消失。这种致病力的改变是一种适应和进化的结果。这一病毒驯化系统为研究EIAV的致病力提供了良好模型。

二、EIAV的细胞嗜性

EIAV主要感染单核-巨噬细胞。自1961年Kobayashi等用马驹骨髓细胞培养病毒首次获得成功后，逐步证明EIAV可以在马巨噬细胞、驴巨噬细胞、马成纤维细胞、驴胎皮肤细胞、马胎肾细胞、犬胎胸腺细胞系、猫细胞系、犬瘤细胞和马内皮细胞等细胞中增殖。

1961年，小林和夫等用幼驹骨髓原代细胞培养EIAV，接毒细胞出现细胞病变，用其第8代病毒传代材料接种健马，全部发病。用马外周血液白细胞培养EIAV，也出现细胞病变，病毒经17次传代后接种健马，全部发病。马白细胞培养EIAV的成功，为EIAV的研究提供了重要的试验系统。1968年甲野等报道，继代3代的马骨髓继代细胞培养物在接种EIAV 10d后，仍有病毒存活。马肾原代细胞在接种EIAV后，随着培养时间的延长，培养物内EIAV的滴度有上升趋势。1969年，Moore报道马白细胞继代培养物可以感染EIAV，并可用于病毒的传代。1973年，Malmquist成功地使EIAV在马脾继代细胞和马皮肤传代细胞系EDAFCC57中增殖，并应用于抗原制备。解放军农牧大学于1972年证明驴胎骨髓原代细胞可以增殖和传代EIAV，驴胎脾原代细胞在接种EIAV后也出现细胞病变。接着在1973年，又以EIAV感染驴胎骨髓继代细胞培养物获得成功，接种病毒的细胞培养物出现明显而规律的细胞病变，产生高效价的补体结合抗原。1974年进一步成功地感染了驴胎脾、肺、肾、胸腺、皮下结缔组织等多种继代细胞培养物。由于驴胎继代细胞培养条件要求不高，细胞易于形成单层，培养结果稳定，因此目前在国内，除了一些特殊的目的需要以马属动物白细胞培养EIAV以外，在病毒特性研究、抗原生产等方面，广泛地应用驴胎继代细胞培养物。1976年，甲野等以持续感染的马肾细胞制备传染性贫血抗原。欧洲常用马胎肾细胞系（fetal equine kiney cell，FEK）培养EIAV。

对马属以外动物细胞或胚胎感染性的研究，国内外进行了大量试验。虽有感染成功的报道，例如Kryukov等报道豚鼠骨髓原代细胞可以感染EIAV，Petrovie等（1972）报道人肺二倍体细胞株WI－38可以感染EIAV等，但均未复试成功。Breaud（1976）报道EIAV可以感染蚊的卵巢细胞培养物，也未见到进一步的报道。

Benton等报道，他们成功地将EIAV病毒培养于犬源和猫源的细胞培养物内（Cf2th和FEA），引起慢性感染。经用逆转录酶和病毒蛋白测定、SDS－聚丙烯酰胺凝胶电泳、补体结合试验、免疫扩散试验、放射免疫测定，以及核酸杂交试验等多种方法的鉴定，都证明犬源和猫源培养物内增殖的EIAV在理化学特性和免疫学特性等方面，与在马胎肾细胞培养物中增殖的同一株EIAV没有差异。

EIAV接种马白细胞培养物后有18～24h的隐蔽期。在接种后36～48h，病毒滴度达到峰值。伴随病毒的大量增殖，接种细胞发生以圆缩、崩解、脱落为特征的细胞病变。驴胎各种脏器和组织的继代细胞培养物对EIAV的敏感性低于马白细胞，用血清强毒接种这些培养物通常不能引起感染，只有经白细胞多次传代的病毒才能较顺利地感染继代细胞。在接种病毒后的最初几代，病毒可感染和增殖，但不引起细胞病变，细胞可继续增殖，只有病毒对继代细胞高度适应时，病毒的大量增殖才能引起明显而规律的细胞病变，以细胞变圆、崩解和脱落等为特征，一般于接种病毒后10～15d产生。

支持EIAV活跃复制的组织位点包括脾脏、肝脏、肺脏、淋巴结和骨髓。与其他人类和动物慢病毒一样，体内支持EIAV感染及复制的主要靶细胞为单核/巨噬细胞系。在临床或者亚临床阶段，这些细胞均支持EIAV活跃地复制。在急性阶段，但不是亚临床阶段，血管内皮细胞中也存在着病毒RNA，即支持病毒的复制。在感染动物体内，内皮细胞发生感染有助于血小板减少症的发生，具体机制是通过细胞的活化，促进血小板的黏附和聚集，这些现象与HIV－1的患者血小板减少症一致。EIAV能够感染血液中的单核细胞，但不能进行复制。只有当单核细胞进入某个器官后，分化为巨噬细胞，EIAV才能进行复制。因此，单核细胞分化为巨噬细胞是病毒进行复制的前提。因此，在体内，病毒的表达仅仅发生于各个器官中分化的巨噬细胞中。外周血单核细胞允许病毒的进入、病毒RNA进行反转录，但是不支持病毒的活性复制。急性期EIA症状的发生与病毒在巨噬细胞中大量复制有关。有趣的是，在羊慢病毒感染的山羊和绵羊体内也观察到了这些限制现象，即病毒的表达仅仅发生于巨噬细胞中。

EIAV毒株的细胞嗜性与其致病性存在必然的联系。在国外，大多数实验室研究的EIAV株系来源于高致病性的Wyoming株系或者V26日本株系的衍生株。在若干EIAV株系间，毒力的差异导致细胞中生长能力也存在差异。大多数致病株系仅能在原代马巨噬细胞中复制，而不能在没有广泛适应传代的组织细胞系中复制。在适应传代过程中，一般引起致病性的弱化。在体外，毒株的巨噬细胞嗜性与更高的体内致病性相关。而细胞适应株致病性又能够通过马体传代而恢复。通常，获得并维持长期培养状态的原代马巨噬细胞实际上是困难的。而这些瓶颈随着新方法的出现而被克服，最近有研究发现EIAV在DH82细胞中能够进行有效复制，DH82细胞是黏附型犬巨噬细胞系。更加有趣的是，这类细胞既支持巨噬细胞嗜性也支持纤维细胞嗜性的EIAV株系复制。为了更好地阐明致病性和细胞嗜性的分子决定因素，若干实验室发展全长EIAV分子克隆。从EIAV Malmquist株系感染的犬胸腺细胞中获得了全长感染性克隆CL22，该株系是Wyoming株在马纤维细胞中培养适应获得的。在接种马体内，感染性克隆能够建立持续性感染，但是接种马没有表现任何临床症状。通过相似的方法，感染性克隆pSPEIAV19和pSPEIAV44是从$EIAV_{PV}$株系感染的马源肾细胞中获得的，而EIAVPV是Wyoming株体外培养适应株，对马属动物具有感染性，但无致病性。有研究发现，以高致病性株系Wyoming或者致病株$EIAV_{PV}$的变异株3’端（包括*env*和LTR）替换pSPEIAV19对应的位置恢复了该感染性克隆的致病性。这些提示影响病毒毒力的区域位于3’端。

目前，对于影响病毒细胞嗜性的分子机制已取得了一定进展。*env*基因的结构与其他逆转录病毒很相似，其编码的蛋白Env一直作为主要的毒力决定因素而受到研究者的重视。和其他慢病毒的膜蛋白一样，EIAV Env也是病毒与靶细胞受体结合的主要区域,通过与细胞受体作用影响病毒的细胞嗜性，在病毒与靶细胞吸附、融合及侵入过程中,具有举足轻重的作用。在HIV-1已表明，病毒细胞嗜性的差异是外膜蛋白（gp120）高变区V3袢附近序列的变异所致。病毒基因组两端的长末端重复序列（LTR）U3 ENH是高变区之一，含有许多与细胞转录因子相互作用的调节基序。LTR ENH区中不同的转录因子结合基序对决定细胞嗜性发挥着重要作用。研究表明，在成纤维细胞中传代适应的病毒株系LTR中存在PEA-2基序或者与TATA盒接近的CTTCC基序，而巨噬细胞嗜性的病毒LTR缺少这两个基序，这提示PEA-2基序可能对EIAV在不同细胞中的表达起到一定的限制作用。PU.1位点（GTTCC）对于EIAV在马巨噬细胞中的转录非常重要，成纤维细胞核提取物不能特异地与Pu.1序列结合，说明GTTCC基序对EIAV的细胞嗜性也起一定的限制作用。源于成纤维细胞适应性（MA-1）的EIAVLTR包含多种转录因子（PEA-2，ATF-1，Pu.1）的结合位点，Wyoming毒株的LTR缺少PEA-2基序，仅有一个ATF-1位点及三个PU.1基序。这些试验表明LTR区存在的特异性转录因子基序对EIAV的细胞嗜性有着重要影响。

在我国EIAV弱毒疫苗成功研制过程中，强毒株、驴白细胞弱毒疫苗株、各中间代次毒株和驴胎皮肤细胞弱毒株的全基因组核苷酸序列及推导的氨基酸序列进行分析比较，发现基因组结构基因*env*和前病毒DNA两端的长末端重复序列LTR是病毒基因组变异率最高的区域之一；而在弱毒株基因组序列中，*env*出现了多个稳定的变异位点，以及在LTR区域也出现了多个新的转录因子结合基序，这些序列变化数据提示马传染性贫血弱毒疫苗毒力弱化可能与各毒株间细胞嗜性的改变有关。

三、EIAV的理化特性

病毒粒子在氯化铯中浮力密度为1.18g/cm^3，沉降系数为110～120S，分子质量约为4.8×10^8ku。病毒对外界的抵抗力较强，对紫外线的抵抗力明显高于一般病毒。据长春解放军农牧大学测定，γ射线的照射剂量需要在900 C/kg以上才能使培养物中的EIAV彻底灭活。在粪便中能存活3个月，0～2℃保持毒力达6个月至2年，-20℃保存7年，感染力几乎不降低。EIAV在低温条件下稳定，对热敏感，56～60℃ 1h可完全丧失感染性。临床上应用煮沸15min的方法消毒注射针头和手术器械，应用5%来苏儿消毒马厩和污染的环境，消毒效果都较确实。在马血清中，58℃、30min，EIAV不再具有感染性。但是在25℃条件下，皮下注射96h后，EIAV仍有感染性。对胰蛋白酶、RNA酶和DNA酶有抵抗力。对乙醚等脂溶剂敏感，在含病毒血清或病毒培养物中加入等量乙醚，振荡5min即可使病毒灭活。2%～4%氢氧化钠液和福尔马林液均可在5～10min内将其杀死，3%来苏儿液可在20min内将其杀死。病毒在0.1%甲醛中于5℃条件下1个月，或在4% NaOH中15min均可被灭活。氧化剂（如次氯酸钾、高锰酸钾）对该病毒的灭活效果不好。病毒于pH5～9的条件下稳定，而在pH3以下和pH11以上的条件下1h即被灭活。胆汁可使EIAV灭活。日光照射1～4h可将其杀死。病毒对热的抵抗力较弱，煮沸立即死亡。

第四节 基因组结构和功能

EIAV是正链RNA病毒，病毒基因组由两条相同的线状RNA组成，两条链通过氢键形成二聚体。EIAV是基因结构最为简单的慢病毒，病毒基因组包括三个主要结构基因，依次是*gag*、*pol*和*env*，其中*gag*和*pol*基因部分重叠。此外还有3个附属蛋白基因（S1、S2和S3），它们和*env*都有重叠。在病毒基因组两端是完全相同的重复区（R区），在5’R下游是5’独特区（U5），之后是EIAV反转录引物结合位点（PBS）。在3’端R区上游是3’独特区（U3）。EIAV感染宿主细胞后，在自身编码的反转录酶的作用下合成病毒DNA，并进一步形成双链前病毒DNA，前病毒DNA可以整合到宿主细胞基因组中。前病毒DNA的两端是长末端重复序列（long terminal repeat, LTR），它由三个区域组成，按照各自在基因组的排列顺序分别是5’—U3—R—U5—3’。EIAV前病毒DNA结构见图2-2。

图 2-2 EIAV 前病毒 DNA 结构示意图

虽然EIAV发现已经近100年的时间了，但只有美国、中国和日本的几个实验室开展EIAV相关的研究工作。而且这些研究只是针对少数几个毒株，主要包括美洲毒株$EIAV_{Wyoming}$及其衍生毒株（$EIAV_{PV}$、$EIAV_{UK}$和$EIAV_{WSU5}$等）、中国弱毒疫苗（$EIAV_{DLV121}$和$EIAV_{FDDV13}$）及其亲本强毒株（$EIAV_{LN40}$和$EIAV_{DV117}$）、日本毒株V70及其在马巨噬细胞长期培养形成的弱毒株V26株、2009年在美国Pennsylvania分离到的$EIAV_{PA}$、2012年在日本南部地区分离的$EIAV_{MIY}$，以及2006年在爱尔兰分离的$EIAV_{IRE}$。进化分析表明，日本毒株V70和$EIAV_{Wyoming}$在遗传进化上非常接近，中国毒株与国外毒株（$EIAV_{Wyoming}$和V70）全基因组的同源率低于80%（图2-3）。实际上，上述各毒株核苷酸的同源率均小于80%。*gp90*的同源率更低，$EIAV_{Wyoming}$与各毒株（$EIAV_{LN40}$/$EIAV_{IRE}$/$EIAV_{MIY}$/ $EIAV_{PA}$）在gp90氨基酸水平的同源率分别是65.3%、63.1%、56.9% 和 63.4%。现在，关于EIAV的研究报告大部分是基于$EIAV_{Wyoming}$株及其衍生毒株完成的，所以对EIAV的认识或公认的结论性知识多数是对$EIAV_{Wyoming}$的衍生病毒的研究中得到的。

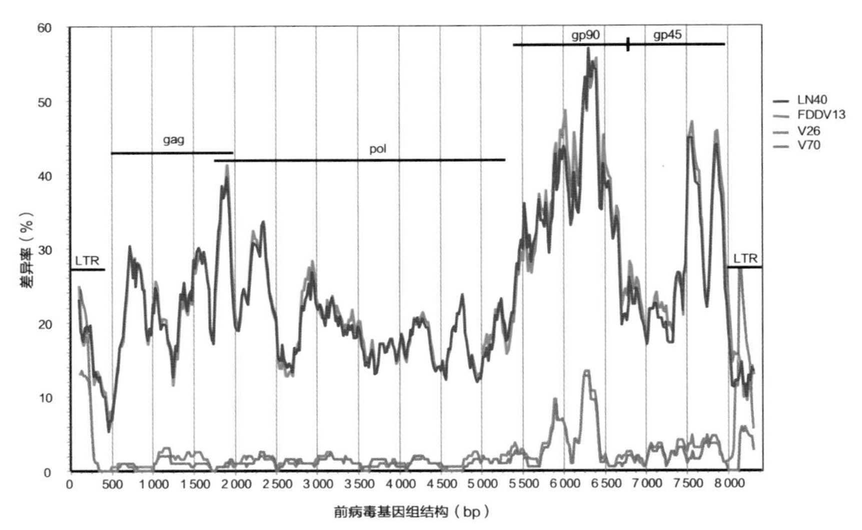

图 2-3 中国 EIAV 与日本 EIAV 和 $EIAV_{Wyoming}$ 基因组比较

（引自王雪峰，博士学位论文）

一、*gag*基因及其编码蛋白

EIAV的*gag*基因编码的前体蛋白$Pr55^{gag}$分子质量为55ku。Gag前体蛋白在浆膜上的组装是病毒在宿主细胞膜上出芽释放必不可少的步骤。在成熟的病毒粒子中，$Pr55^{gag}$被病毒编码的蛋白酶裂解生成EIAV四种主要的结构蛋白，分别为基质蛋白（MA，p15）、衣壳蛋白（CA，p26）、核衣壳蛋白（NC，p11）及核心蛋白（p9）。$Pr55^{gag}$多聚蛋白的组成顺序为NH_2—p15—p26—…—p11—p9—COOH。

1. 基质蛋白（MA，p15） MA位于$Pr55^{gag}$的N端，分子质量15ku。在$Pr55^{gag}$裂解以后，MA保留在病毒膜的内侧，并于其结合。对MA晶体结构分析发现，EIAV MA分子的N–末端和C–末端在空间上非常接近。尽管EIAV与HIV和SIV的MA分子在氨基酸一级结构上缺乏同源性，但三者的整体空间结构具有惊人的相似性。

2. 衣壳蛋白（CA，p26） CA是EIAV主要的核心蛋白，分子质量为26ku，它占病毒蛋白总量的40%，同时它也是重要的免疫原性蛋白之一。在Pr55^{gag}裂解以后，CA收缩形成一个壳包裹着NC/RNA的复合体。在病毒感染早期与脱衣壳过程中，它可以稳定未整合的前病毒DNA；在感染晚期，它对病毒的装配和出芽过程发挥重要作用。通常EIAV感染马匹后针对p26的抗体最早出现，并能长期保持。p26携带群特异性抗原决定簇，针对p26抗原的群特异性抗体，可能不具有中和作用，但抗原性十分保守。由于它的保守性和高产量，以及感染马持续产生p26抗体，所以p26成为商业化诊断抗原的主要成分。研究显示，EIAV的CA与HIV存在交叉免疫性，反转录病毒之间在CA高度保守，特别是CA的C端的20个氨基酸残基的序列，该区域被定义为主要同源区（major homology region，MHR）。MHR对整个CA结构十分重要，MHR上氨基酸的突变引起结构上错误的构象而严重影响其活性。进一步的研究表明，慢病毒CA间交叉免疫性并不是源于线性表位，而是依赖于CA保守的蛋白结构。

3. 核衣壳蛋白（NC，p11） p11是强碱性蛋白，分子质量为11ku。在Pr55^{gag}裂解以后，p11与病毒基因组RNA紧密结合。慢病毒的NC蛋白是一类多功能蛋白，它是病毒RNA包装和病毒感染所必需的。通过对p11氨基酸序列分析发现，其显著的特征是存在着两个锌指结构（CX2CX4HX4C）。锌指结构是所有反转录病毒NC蛋白共有的结构特征，包括HIV-1在内的其他慢病毒的核衣壳蛋白中都至少包含着1～2个锌指结构。在HIV-1中，将核衣壳蛋白中高度保守的Cys与His残基突变掉，将导致其在体外特异性地包被病毒全长RNA和RNA结合活性功能的缺失。

4. 核心蛋白（p9） 所有的反转录病毒都编码MA、CA和NC，慢病毒还包含一个附属蛋白，如HIV的p6和EIAV的p9，但是慢病毒的附属蛋白的同源性很低。EIAV的p9蛋白基因位于*gag-pol*重叠部位，在推测的*gag-pol*移码位点的下游，因此当gag-pol融合蛋白表达时，不表达p9。在反转病毒复制过程中，将病毒粒子从细胞膜剪切下来的区域定位在Gag，因为该区域的功能发挥在病毒出芽的晚期，所以统称为late或L域（domain）。EIAV的p9与病毒的释放有关，在病毒组装的晚期，病毒粒子从囊膜释放的过程中发挥重要作用，在这一过程中L域起主要作用。反转录病毒的L区（late domain）存在PTAP、PPXY和YXXL三种基序结构。EIAV L域的核心基序YPDL位于p9的C端，它在体外可与AP－2复合体的AP－50亚单位作用，利用细胞AP－2复合体来完成病毒粒子的组装和释放。有研究显示，p9同时在EIAV感染早期及前病毒的形成过程中起重要作用。在EIAV前病毒基因表达的前提下，p9对于病毒的出芽也不是绝对必需的，这也提示病毒的其他蛋白具有类似的功能。

二、*pol* 基因及其编码蛋白

EIAV的*gag*与*pol*部分重叠，*gag*和*pol*基因产物由前病毒转录的全长mRNA转录本翻译而来，因此推测EIAV中*pol*的翻译与HIV一样是通过*gag*－*pol*的移框阅读实现的。在*gag*基因下游有多个重要的基序促进了Gag－Pol的读码框移位，包括AAA AAAC光滑序列（slippery sequence）、光滑序列下游的5个连续GC碱基对片段和一个伪结结构（pseudoknot structure）。全长的EIAV mRNA在核糖体翻译过程中发生读码框移位以跳过*gag*基因末端终止密码形成Gag－Pol多聚蛋白$Pr180^{gag/pol}$。在反转录病毒中，Gag前体蛋白和Gag－Pol多聚蛋白的生成比例通常在20：1。$Pr180^{gag/pol}$经蛋白水解酶裂解产生Gag和Pol前体蛋白。Pol前体蛋白进一步裂解生成EIAV复制所需的各种酶类，它们依次是病毒蛋白酶（PR，p12）、逆转录酶（RT）/ RNase H（p66/p51）、脱氧尿苷三磷酸酶（dUTPase，p15）和整合酶（IN）。

1. 蛋白酶（PR） PR在病毒生活周期早期起关键作用，它在病毒复制过程中裂解病毒的前体蛋白形成功能性分子，在病毒感染过程中可以剪切病毒核衣壳蛋白。EIAV的蛋白酶与HIV－1比较，二者有30个相同的氨基酸、11个相似的氨基酸，分子结构也很相似。不同的反转录病毒包括相似的底物结合区和底物作用区，HIV－1、HIV－2、EIAV、AMV的PR对HIV－1的MA和CA蛋白的作用位点定位在Val—Ser—Gln—Asn—Tyr ↓ Pro—Ile—Val—Gln之间（箭头表示剪切位点）。

2. 逆转录酶（RT） RT具有依赖于RNA的DNA聚合酶活性、依赖

DNA的DNA聚合酶活性和RNaseH活性，可以将病毒RNA逆转录为病毒DNA。RNaseH则在逆转录过程中降解RNA–DNA杂交分子中的RNA链。EIAV和HIV的PR和RT氨基酸序列同源，用HIV–1的RT抗体采用亲和层析法提纯EIAV的RT，获得了66ku和51ku两种蛋白。66ku蛋白具有逆转录酶和RNaseH双重活性。51ku蛋白是66ku RT蛋白的降解产物，这种降解产物保留了RNaseH活性，但没有逆转录酶活性。

3. dUTPase（deoxyuridinetr iphosphatase，DU） dUTPase在真核和原核组织内广泛存在，与尿嘧啶DNA糖基化酶（uracil DNA glycosylase,UDG）的功能非常相似。dUTPase可以水解dUTP为dUMP, dUMP甲基化变为合成DNA的主要成分之一，胸腺嘧啶一磷酸脱氧核糖核酸（dTMP）。因此，dUTPase不但可为DNA的合成提供原料，还可使体内的dUTP保持在较低水平，降低尿嘧啶在DNA合成中的插入和错配概率，从而维持生物体的相对稳定，减少发生突变的频率。dUTPase在细胞分化阶段通常会高水平表达，而在静息细胞与终末分裂细胞为低水平表达。因此，非复制型细胞具有相对高的dUTP/TTP比率和更高的尿嘧啶掺入DNA的可能性，从而导致碱基突变。研究表明在疱疹病毒、痘病毒、B型和D型反转录病毒，以及慢病毒中都存在dUTPase活性，但是在HIV和其他灵长类慢病毒中不存在dUTPase基因。病毒的dUTPase主要有两方面的作用：① 促进病毒在dNTP含量较低的细胞中病毒DNA的合成和保证病毒在非分裂细胞（如巨噬细胞和神经细胞）的复制；② dUTPase能发挥抗突变功能，减少DNA合成过程中U的错误参入，病毒DNA中U的错误参入会干扰DNA的复制和转录过程。在EIAV感染性分子克隆中缺失dUTPase，病毒在细胞系中的复制水平正常，但在原代马巨噬细胞中的复制水平很低。这表明病毒在分裂细胞中复制dUTPase不是必要的，但它是病毒在靶细胞即巨噬细胞中复制所必需的。

4. 整合酶（IN） 反转录病毒侵染细胞以后，在RT作用下反转录生成的两条线性DNA必须经IN的催化整合到宿主染色体DNA。IN是通过核酸酶内切活性剪切反转录病毒DNA的末端，将病毒DNA非特异地插入细胞DNA。根据同源序列分析，EIAV整合酶已被定位。对EIAV的IN体外重组表达分析发现，其功能与HIV的相似。

三、*env*基因及其编码蛋白

EIAV的*env*基因编码的前体蛋白Env，在高尔基体被细胞蛋白酶剪切成表面糖蛋白（SU，gp90）和跨膜糖蛋白（TM，gp45）。蛋白酶切割位点在跨膜蛋白疏水区之前的保守碱性残基（R–H–K–R）。

1. 表面糖蛋白　SU是高度糖基化的蛋白，存在于病毒囊膜中，大小约为90ku，与宿主细胞膜上的受体相互作用。表面蛋白基因是慢病毒变异比较集中的区域，但是EIAV的*gp90*变异不是随机的，在机体免疫压力的作用下各个毒株*gp90*的变异主要集中在特定的区域。尽管从不同国家分离到的EIAV病毒株基因组差异较大，但是*gp90*的变异区域是一致的。Leroux等人将$EIAV_{Wyoming}$的衍生毒株的*gp90*分为8个变异区（图2–4）。王雪峰等人在研究中发现中国$EIAV_{LN40}$的*gp90*变异主要集中在8个区域，尽管$EIAV_{Wyoming}$和$EIAV_{LN40}$在*gp90*的差异高达35%，但是二者的主要变异区都分布在相近的区域。EIAV的V3区与HIV–1的V3袢结构（Cys环）在功能上对应。慢病毒的囊膜蛋白特别是表面蛋白是病毒刺激机体产生免疫保护的成分，在gp90已经鉴定出了一系列的免疫表位，包括中和抗体表位、Th和CTL表位。V3虽然位于高变区，但存在一个所有EIAV毒株共有的中和表位，该区域被称为主要中和区域（principle neutralizing

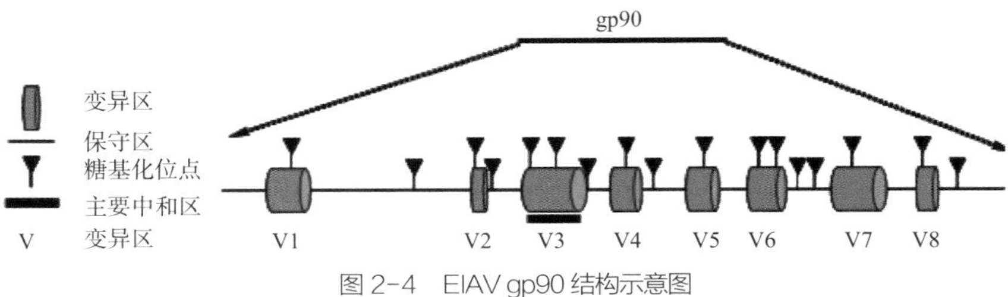

图 2-4　EIAV gp90 结构示意图

（引自Leroux等，2004）

domain，PND），包括表位D_{NT}和E_{NT}。PND区域经常发生小片段碱基的插入和缺失。此外，在V5区也有一中和表位C_{NT}。研究表明，EIAV抗原变异和逃避免疫清除主要与*gp90*基因的变异有关，特别是在EIAV持续感染过程中，PND区域的变异对病毒逃避免疫清除起重要作用。

研究发现，*gp90*与EIAV受体结合区主要集中在C端的不连续区域。EIAV主要侵染马属动物的单核–巨噬细胞。2005年，Zhang等通过克隆表达技术发现EIAV细胞受体ELR1，依据其序列特征把它归属于TNFR蛋白家族。慢病毒中有两个成员使用TNFR家族蛋白作为侵染细胞的受体，EIAV和FIV。FIV除需要CD4外，还需要CD134，它也属于TNFR家族蛋白。ELR1在所有允许EIAV复制的细胞上表达；而在不支持EIAV细胞复制的细胞上均不表达，但当转入ELR1后，这些细胞均可允许EIAV在其内进行复制。巨噬细胞嗜性的慢病毒EIAV可能仅依赖单一受体来侵染靶细胞。目前研究认为EIAV与ELR1结合后，在低pH环境下（pH 4.8 ~ 5.3）由细胞内吞作用进入细胞内增殖。EIAV的一些细胞适应毒株在体外嗜性的扩大，是由于包括病毒LTR在内的转录增强元件的改变所引起，而与病毒在适应细胞过程中囊膜蛋白的变化无关。Zhang等又通过构建一系列ELR1与HveA（HveA为与ELR1同源率最高的、同属于TNFR蛋白家族的单纯疱疹病毒受体）的嵌合受体，通过细胞结合试验及病毒复制水平确定了ELR1与EIAV gp90结合的氨基酸残基。试验证明，ELR1的CRD1的C末端在与gp90结合过程中发挥重要作用，其中又以CRD1的Leu70的作用最为突出，这位氨基酸残基的疏水性、大小及形状对病毒囊膜与受体结合具有重要影响。

糖基化是慢病毒囊膜蛋白的共有特征。在病毒与靶细胞的结合过程中，糖侧链帮助囊膜蛋白正确折叠，稳定囊膜蛋白构型，有利于病毒与靶细胞的结合。通常表面蛋白的抗原表位依赖于糖侧链的存在，糖侧链能屏蔽免疫表位，从而逃避免疫系统的识别。所以，慢病毒在宿主体内持续感染和连续复制，但其诱导产生中和抗体的能力低。研究认为，慢病毒表蛋白的糖基化程度与病毒毒力相关。对SIV的研究发现，随着

N-糖基化位点的增多，病毒毒力增强。不同EIAV毒株的gp90分别有13～19个N-糖基化位点，通常体外培养EIAV gp90的N-糖基化位点位置和数目与病毒生物学特性有一定的关系，体外适应毒株致病能力弱，对中和抗体敏感，糖基化位点数少；而具有致病力的毒株具有较多的糖基化位点。

2. 跨膜糖蛋白　TM在慢病毒的复制、糖蛋白的结合（glycoprotein incorporation）、介导病毒与靶细胞融合（fusion），以及引起细胞病变CPE等过程中起重要作用。TM高度保守，它包含一个N端疏水融合表位，即融合区（fusion domain），该区在病毒囊膜与细胞膜融合时发挥作用促使膜融合。包含一个胞外区（extracellular domain）；一个疏水的膜锚定区（hydrophobic membrane anchor domain）；一个 C端的胞内区（carboxy terminal intracytoplasmic domain）（图2-5）；C端的胞浆区通常称为胞浆尾（cytoplasmic tail，CT）。南开大学刘新奇教授的研究小组完成了EIAV gp45胞外区晶体结构的解析，结果显示胞外区呈稳定的六螺旋束（图2-5A），顶端形成一个开放的“口袋”（图2-5B），这个“口袋”可能与病毒侵入有关。EIAV的跨膜蛋白是轻度糖基化的疏水蛋白，含有4个保守的N-糖基化位点，大小约为45ku，构成病毒纤突的茎，一端与柄相连，另一端镶嵌在病毒囊膜的脂质双层之中。gp45是跨膜蛋白在感染细胞中的主要存在形式，在EIAV病毒颗粒中，gp45可被水解为氨基端的32～35ku糖化肽段gp35和羧基端的20ku非糖化肽段p20，裂解位点位于距gp45 N-端240个氨基酸残基的His-Leu键上（图2-6），该位点位于CT区域。*gp35*和*p20*在感染细胞中检测不到，由此推

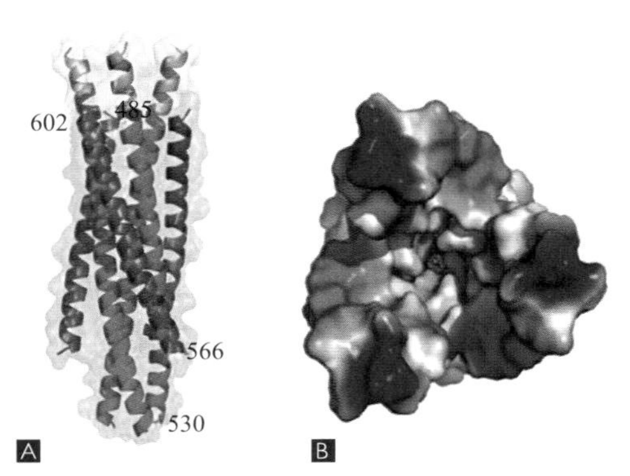

图 2-5　EIAV gp45 胞外区三级结构

A．gp45胞外区三级结构　　B．gp45胞外区表面电荷

（引自杜建森）

测裂解过程发生在成熟的病毒粒子中。gp45的大多数免疫显性表位在N–端，融合区至锚定区域免疫原性较强，在该区域内已确定了许多免疫显性表位。相反，gp45的C–端与免疫马血清的反应弱且不稳定，*p20*几乎没有或有很弱的不确定的免疫原性。在gp35区域的两个Cys残基是高度保守的，对维持gp45的构象起重要作用。EIAV细胞适应毒株在某些细胞上的复制根本不表达p20，即存在所谓gp45截短现象。中国EIAV驴胎皮肤细胞弱毒疫苗（$EIAV_{FDDV13}$）在gp45基因存在783G/A的突变，形成终止密码子^{781}TGA^{783}，造成gp45表达截短（图2–6）。研究表明，慢病毒TM的截短突变与宿主细胞类型密切相关，在对HIV–1、SIV和EIAV的研究中都发现病毒经过外细胞培养后TM会发生截短突变的现象。

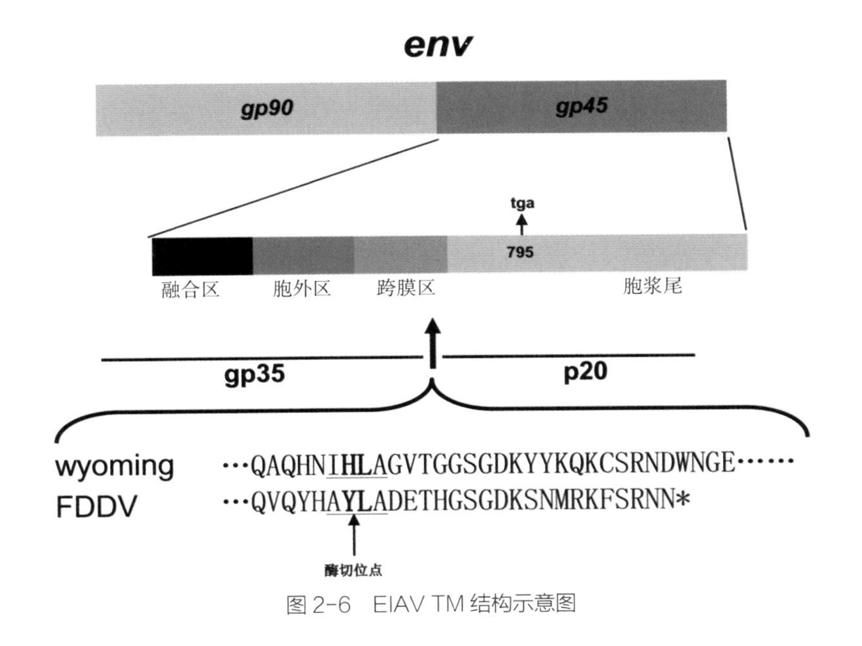

图2–6 EIAV TM 结构示意图

四、调节蛋白及其编码蛋白

慢病毒除了编码Gag、Pol和Env三个主要结构蛋白之外，还编码一些附加的调节蛋白来调节病毒的复制过程，以适应不同的环境条件。与其他慢病毒相比，EIAV基因共编码三个调节蛋白，分别是ORF *S1*编码的Tat蛋白、ORF *S2*编码的S2蛋白和ORF *S3*编码的Rev蛋白。

1. ORF *S1*及Tat蛋白　ORF *S1*位于*pol*和*env*之间，与*pol*基因处于同一开放阅读框架，编码反式激活蛋白（trans–activator protein，Tat）。Tat蛋白可以从三个不同的mRNA转录，分别经3次、2次和1次拼接，含有4个、3个和2个外显子。有3个外显子的病毒mRNA表达Tat蛋白的活性较高。EIAV Tat蛋白的一个显著特点是起始密码子在引导序列中是CTG而不是ATG。Tat蛋白是慢病毒复制的必需因子，在病毒基因表达调控过程中起重要作用。Tat主要影响转录及转录后水平，与LTR中相应的功能区TAR（tat activating region）结合，可大大增强病毒转录水平。EIAV的Tat蛋白呈高度螺旋形结构，其与TAR结合的区域由定位在约Tyr35到Tyr49的核心区（core region）和Ser53到Ile65的基本区（basic domain）组成。C–端的26个氨基酸对靶序列TAR的识别是必需的。定点突变研究表明，第60位Glu残基对维持Tat的空间构型具有重要作用，该氨基酸的替换导致Tat蛋白丧失识别功能，所以这个Glu对TAR–RNA结合是必要的。此外，Rina等人的研究显示EIAV的Tat可以和前病毒3’端LTR作用，进而激活下游的细胞基因表达。

2. ORF *S2*及S2蛋白　ORF *S2*位于*pol*和*env*之间，与*env*的N端重叠，编码S2蛋白，包含65～68个氨基酸，与其他慢病毒的附属蛋白在序列上没有同源性。在*S2*基因预测出与HIV的Nef相似的蛋白基序，包括豆蔻化位点、SH3黏附区域和酪氨酸激酶–Ⅱ磷酸化位点，所以可能与HIV或SIV的附属蛋白Nef在功能上相似。S2蛋白能刺激体外培养的马巨噬细胞增加炎性因子和趋化因子的表达水平。在EIAV感染过程中细胞因子和趋化因子水平的改变不仅会对免疫系统产生重要的影响，还会通过增加或抑制病毒复制水平影响病毒的致病力。S2蛋白可能和Gag蛋白相互作用，但是并不包装到病毒粒子。血清学试验显示，EIAV持续感染马体内能够表达S2蛋白。通过体外构建*S2*基因失活的感染性分子克隆，结果显示*S2*基因失活的病毒在体外复制动力学指标并没有受到影响，提示*S2*基因是体外复制非必需的。但体内试验发现，缺失*S2*基因将大大降低病毒毒力和复制水平，这表明EIAV *S2*基因实际上是病毒在体内复制和致病性的重要决定因素，简单的体外感染试验并不能充分反映其功能。

3. ORF *S3*及rev蛋白 ORE *S3*与*env*基因重叠，编码Rev（regulator of expression of viral proteins）。Rev是由第4个外显子（tat/rev）的mRNA通过扫描遗漏Tat的CUG所表达产生。Rev的主要功能是促进核输出和病毒mRNA不完全剪辑体的表达。在病毒复制的晚期，Rev指导未完全剪接的病毒mRNA向核外转运，同时加强这些RNA的稳定性，在胞浆中富集更多的未剪接病毒RNA，以合成病毒装配所需的各种结构蛋白。EIAV的Rev核输出信号NES（nuclear export signal）功能区定位于第31～55位氨基酸，包含一些疏水性氨基酸，其中的3个Leu对Rev活性至关重要。Rev通过与病毒前体mRNA的特定序列RRE（rev responsive element）结合将mRNA运输至胞浆，RRE定位在*env*基因5'末端，是具有复杂的二级结构的病毒RNA。研究显示，在Rev缺失的条件下，细胞浆中只有4个外显子的mRNA，显示其他4种mRNA的产生依赖于Rev，表明Rev还有参与病毒mRNA剪辑的功能。此外，EIAV *rev*基因在体内高度变异，这种变异与临床疾病状态相关。进一步的研究证实，*rev*的变异能改变其生物学活性，现在推测Rev通过两种机制帮助病毒逃避免疫监视：① 通过*Rev*变异改变CTL表位，从而促进病毒逃逸机体的免疫监视；② *Rev*变异后其生物学活性改变，进而下调病毒复制水平在免疫识别的阈值以下。

五、EIAV的非编码区——LTR

LTR（long terminal repeat）是反转录病毒基因组中共有的非编码区，位于前病毒基因组的两端，是病毒基因组整合到宿主基因组的必要元件。LTR作为反转录病毒基因组的启动子，对病毒的复制和基因表达有重要的调控作用。LTR包含U3（unique，3'end）、R（repeated）和U5（unique，5'end）三个区域（图2-7）。

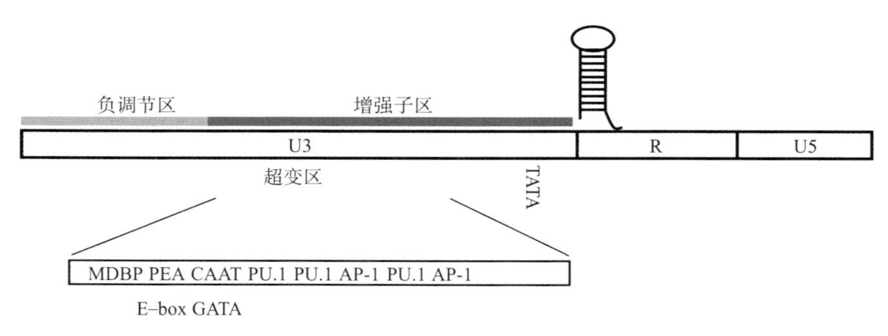

图 2-7 EIAV LTR 结构示意图

EIAV的U3区包括负调节区（NRE）、增强子区（ENH）和启动子TATA盒。ENH是LTR的高变区，该区含有许多与病毒复制及致病力等相关的调节元件和基序。EIAV的基因表达受病毒本身编码蛋白和各种宿主细胞转录因子的调节，在不同种类的细胞中，细胞转录因子的种类有所不同，转录因子表达的水平也可能不同，实际上有多种细胞因子综合控制病毒的转录过程。所以，EIAV在长期适应体外组织培养后，LTR的增强子区会发生较高频率的变异，这些变异会导致 LTR转录因子结合位点的改变，进而引起病毒细胞嗜性和致病性变化。在LTR的NRE和ENH区分布有不同的转录因子基序，不同毒株在ENH有大致相同的转录因子基序排列方式：5'端是哺乳动物细胞普遍存在的MDBP（甲基化DNA结合位点），3'端是保守的PU.1和AP－1结合位点，中间有PEA－2结合位点或PU.1结合位点及AP－1结合位点，不同细胞嗜性的病毒其数目及顺序有所不同。PU.1是巨噬细胞中表的调节因子，不同的EIAV毒株在LTR均有1个或多个PU.1结合位点，该结合位点是EIAV在巨噬细胞复制过程中所必需的。在EIAV增强子区还有一个调节基序，就是位于mRNA启始位点上游70bp处的CAAT。CAAT和TATA盒是多数真核细胞基因启动子的共同元件，CAAT控制转录起始频率，TATA盒精确地控制着转录起始位点。对不同毒株分析表明，致病毒株往往有两个CAAT基序，可能与这些EIAV毒株的致病力有关。中国EIAV的毒株在U3区发生C→T的突变，CAAT

变为TAAT。在中国的EIAV LTR增强子中有GATA基序，而在其他毒株没有GATA。转录调节因子GATA与造血过程有关，能调节血细胞的分化和发育。多数国外毒株在增强子区有PEA–2基序，而中国毒株被转录调节因子bHLH作用的一致序列E–box所代替，bHLH是个体发育过程中重要的转录调节因子，同时与造血过程密切相关。在LTR含有两类调节序列，一类是与细胞转录因子相互作用的上游序列（如上所述），另一类是被病毒自身编码的反式激活蛋白Tat所识别的下游序列（TAR）。在R区含有转录起始位点信号和顺式激活成分（主要指TAR）。在R区，与Tat作用的靶序列TAR，是一段25个核苷酸组成的“茎–环”二级结构，它由9个核苷酸构成的“茎”和4个核苷酸构成的“环”所组成。TAR二级结构的完整性对Tat蛋白的反式激活作用是必需的，在Tat的作用下可将LTR的转录活性提高4～10倍。R区内存在一个poly（A）信号序列AATAAA，其下16bp处有一对碱基CA，通常作为poly（A）附加位点，也是R与U5区的边界。U5区通常是保守的，其包含转录终止信号和多聚腺嘌呤添加位点。

第五节　EIAV 基因组转录和复制

随着分子生物学技术的进步，利用反向遗传学手段进一步明确了EIAV基因组的构成和各区域的功能，同时与病毒基因复制、蛋白表达、出芽组装，以及毒力相关基因的特性得到进一步阐述。

EIAV的复制过程与经典的反转录病毒复制模式相似（图2–8），经历病毒侵入、反转录和整合、转录和翻译、组装和释放等几个步骤。

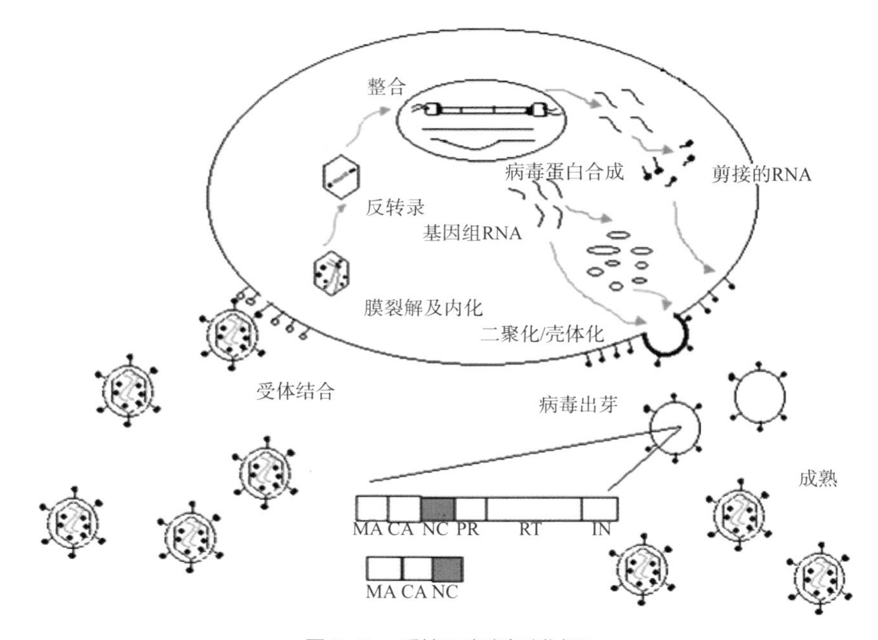

图 2-8 反转录病毒复制过程
（引自Finn Skou Pedersen和Mogens Duch，2001）

一、病毒侵入

病毒感染细胞的前提是与细胞表面的受体结合，通过受体介导的内吞作用使病毒进入细胞，引起一系列的生物学步骤。病毒粒子与受体的结合使得病毒与细胞表面紧密结合并使病毒本身发生构型改变，为通过膜屏障作好准备。EIAV的细胞受体是ELR1，依据其序列特征把它归属于TNFR蛋白家族。目前研究认为EIAV与ELR1结合后，在低pH环境下（pH4.8～5.3），经由细胞内吞作用进入细胞内增殖EIAV的表面蛋白gp90与靶细胞表面受体ELR1结合后，穿膜蛋白融合区介导病毒的脂质双层膜与细胞质膜融合，释放病毒核心进入胞浆，完成病毒侵入的步骤。病毒的核心进入细胞后并不降解，衣壳蛋白和核衣壳蛋白仍然包绕着基因组RNA，形成核心复合体，复合体中仍含有反转录酶和整合酶等酶类。反转录与整合等过程都是在这个复合体内进行。

二、反转录与整合

在反转录酶的作用下，以病毒RNA为模板、tRNA为引物，与5’端的引物结合位点（PBS）结合向5’端方向前进开始合成负链DNA。当反转录酶延伸到RNA的5’端并超出模板时，反转录过程暂时停止，此时合成的负链DNA附着在tRNA引物上。随后负链DNA–tRNA复合体与基因组RNA分离，并跳跃到RNA3’端的R区与之结合，负链DNA继续向着RNA的5’端延伸，进一步合成全长的负链DNA，形成DNA–RNA杂交分子。在负链DNA合成过程中，RNA模板在RT酶的RNaseH活性下开始降解。但是在RNA模板上PPT（polypurine tract）会限制RT酶的降解，它作为引物，以负链DNA为模板引导正链DNA的合成。当PPT延伸到tRNA3’端并通过PBS的核苷酸链时，正链合成暂时停止，新合成的部分正链DNA与负链DNA分离，并跳跃到负链DNA的3’端重新结合继续完成正链DNA的合成。在双链DNA合成以后，在核心复合体的帮助下穿过核膜被转运到细胞核内。病毒DNA在整合酶催化下整合到宿主染色体，整合在宿主染色体中的病毒DNA称为前病毒（provirus）。前病毒DNA会继续在RNA聚合酶Ⅱ的作用下完成转录过程。

三、转录与翻译

前病毒DNA在细胞RNA聚合酶Ⅱ等细胞蛋白的作用下，转录合成病毒mRNA。病毒mRNA生成后即被加工，所有mRNA的3’端多聚腺苷酸化，部分RNA被剪切，产生至少含有1个基因的亚基因组的RNA剪接体，然后在Rev蛋白的作用下转运到细胞浆中，成为真正的mRNA，翻译产生结构蛋白前体。一部分全长的病毒RNA被保存起来，随后装配成子代病毒粒子的基因组。EIAV在转录过程中会形成5种大小不同的mRNA（图2–9），分别是全长的mRNA基因组、翻译Env的mRNA剪接体、翻译Tat和Rev的mRNA剪接体、单独翻译Tat的mRNA剪接体和功能不明确ttm的mRNA剪接体。Gag和Pol由全长的基因组mRNA在胞浆中合成；Env在粗面内质网合成后移入高尔基体并转移到胞浆膜（图2-10）。

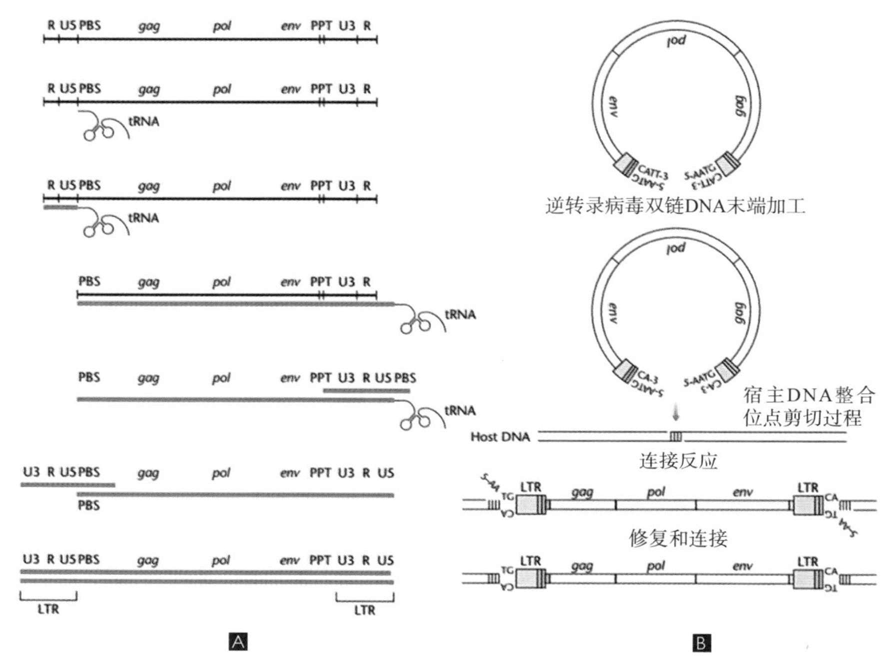

图 2-9　反转录病毒的反转录与整合

A．反转录病毒的转录　B．病毒DNA的整合

（引自Finn Skou Pedersen和Mogens Duch，2001）

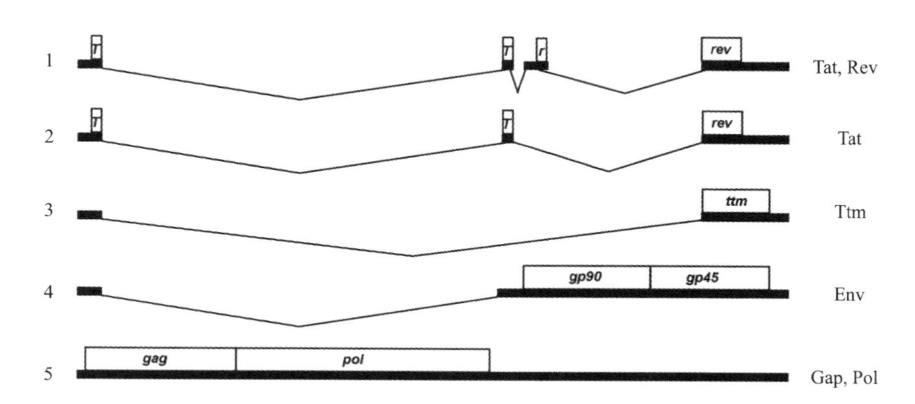

图 2-10　EIAV 前病毒基因组结构及其转录产物示意图

（引自Susan Carpenter和Drena Dobbs，2010）

四、包装与释放

在包装和释放过程中一些关键的成分被包在病毒粒子中，包括Gag前体蛋白、Gag–Pol前体蛋白、全长的病毒RNA和宿主细胞tRNA。Gag和Gag–Pol多聚蛋白向细胞膜转运过程中或转运后，Gag前体会捕获两个分子的单链病毒RNA。Gag和Gag–Pol蛋白前体与病毒RNA组装成核衣壳并且诱导细胞膜向内弯曲，形成芽状结构，为病毒释放作准备。在Gag–Pol出芽过程中，囊膜蛋白掺入复合蛋白当中，将病毒粒子包裹起来。病毒粒子由细胞膜上挤出，完成出芽过程。在Gag–Pol出芽以后，病毒蛋白酶将Gag和Gag–Pol前体蛋白裂解为成熟的Gag和Pol蛋白，蛋白酶的裂解导致核心浓缩形成成熟病毒粒子。这样病毒完成了一个生命周期，又可开始新一轮的感染。

EIAV 的变异及抗原性

对RNA病毒研究发现，RNA病毒基因组的突变率为每个复制周期每个位点有10^{-3}～10^{-5}个核苷酸突变。病毒的每轮复制过程均可产生存在不同位点变异的病毒克隆。因此，RNA病毒在复制过程中将产生许多突变株，构成异质性的病毒群体，即病毒准株。并且这个异质性的病毒群随着病毒的不断复制及在机体免疫压力和抗病毒药物的筛选下，各种病毒变异体所占比例处于一种动态的变化过程中。其中一种或几种突变株将具有优势。而慢病毒的反转录酶缺少校正能力，导致其复制过程中突变水平较高。另外，基因组间存在差异的毒株共感染同一细胞时可能出现的基因重组，会进一步提高突变率。最近的研究认为，一些宿主蛋白（如APOBEC3G，为一种胞嘧啶脱氨酶；ADAR1，RNA腺苷酸脱氨酶）参与病毒复制过程，促进病毒基因组高频率出现A–G或G–A的突变。1989年，Carpenter在EIAV的研究中引入了准种的概念。EIAV在体内体外以高度异质性群体存在，用EIAV接种矮种马并连续分离病毒进行序列比较，发现*env*基因每年每个位点有10^{-1} ~ 10^{-2}个突变。从HIV–1感染人连续分离病毒，对*env*进行序列比较，也发现其具有高突变率，即每年、每位点10^{-1} ~ 10^{-3}个突变。研究证实，EIAV基因组的变异主要变异集中在*env*、*rev*和LTR。

一、*env*基因的变异

慢病毒的Env是病毒与靶细胞受体结合的主要区域，同时也是刺激机体产生免疫保护的主要成分。*Env*的快速变异是慢病毒持续感染和免疫逃逸的主要机制，囊膜蛋白氨基酸序列上的微小变化都可能引起宿主抗体和细胞免疫应答的改变。EIAV *Env*的变异主要集中在*gp90*，*gp90*基因的突变率比*gp45*高2 ~ 3倍。在慢性EIA，每一个发热周期都出现一个抗原变异株，其特征是只能被之后发热周期中采集的血清所中和，而不能被之前发热周期中采集的血清中和。事实上，EIA每次病毒血症都与病毒变异引发的逃逸密切相关。分子水平的研究表明，变异株的抗原变化主要集中在囊膜基因，这种变异无积累性，在某一发热周期分离的变异株未必保留到下一个发热周期，可见EIAV在体内的抗原变异是没有方向性的。基于连续发热点分离的病毒*gp90*基因绘制进化树显示，不同发热期的病毒在进化树中各自形成单独的进化支（图2–11）。上述结果提示，慢病毒在体内不断发生抗原变异，变异株能逃避宿主已建立的免疫应答反应，得以大量复制，重新引起新的病毒血症，导致临床疾病。同时也反映了，在EIAV持续感染过程中机体的免疫压力，特别是中和抗体是囊膜蛋白变异和抗原漂移的主要推动力。*gp90*基因的变异并不是随机发生的，对不同毒株的*gp90*进化分析显示，突变的主要集中在8个高变区（V1至V8），而对维持其结构必需的半胱氨酸则非常保守。在EIAV长期的感染过程中，替换、缺失和插入及糖基化位的改变，可经常出现在PND区域，在其他变异区主要以氨基酸替换为主，这些变异通常会引起潜在糖基化位点的改变。Craigo等构建了PND缺失14个氨基酸的嵌合病毒，感染马后，无任何临床症状，检测不到中和抗体；但用地塞米松瞬时抑制其免疫系统后，血清中可以检测到中和抗体，序列分析表明PND仍然有14个氨基酸的缺失，这说明免疫系统瞬时被抑制后激活了PND以外隐藏的中和位点。对EIAV感染后临床表征差异明显的两组感染马（疾病进展马和无症状隐性携带马）体内*gp90*基因进化比较后发现，尽管在无症状隐性携带马体内病毒的复制水平相对较低，但*gp90*基因仍表现出了明显的变异，且变异水平与疾病进展马间并没有明显差异。在宿主强大的免疫压力的控制下，尽管病毒不能高水平复制，且外周血循环的病毒很少，但在病毒感染的组织如肝脏、骨髓和脾脏中，病毒基因仍然表现出了主动的复制与进化。这说明，EIAV感染马体内的基因的进化与发病次数和病毒血症等情况并不相关，而主要与病毒持续性低水平复制相关。即使没有病毒血症的存在，囊膜在持续性感染的各个时期仍然持续变异，以逃避宿主防御机制的清除。

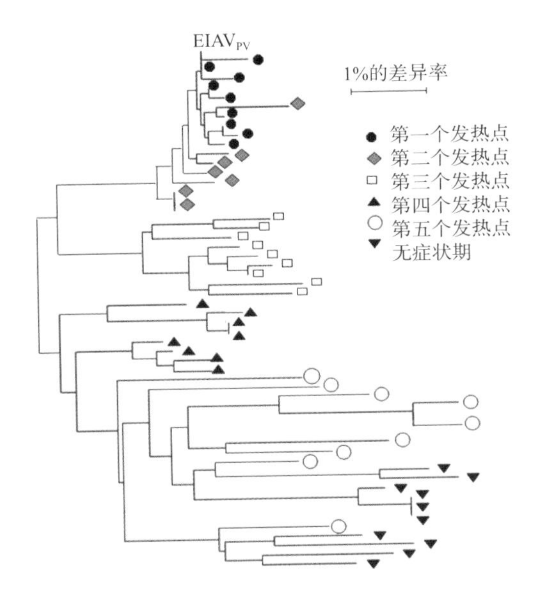

图 2-11　EIAV 感染试验马匹在连续的发热点 *gp 90* 进化特征
（引自C. Leroux等，2004）

王雪峰等人对EIAV弱毒疫苗的亲本强毒株$EIAV_{LN40}$感染试验马匹后*gp90*进化分析显示，病毒感染马匹14d后，均出现了新的病毒准种，在进化树上各感染马早期出现的病毒准种与$EIAV_{LN40}$处在不同的分支上，新出现的病毒群中并没有检测到$EIAV_{LN40}$相同序列的存在，而这些早期出现的变异体之间在进化上更为接近。而不同马发病后和死亡时出现的病毒准种与$EIAV_{LN40}$处在进化树的同一分支上，事实上它们的基因优势序列是完全相同的或遗传距离很小（图2-8）。$EIAV_{LN40}$感染早期和发热期*gp90*区域的差异亦导致糖基化位点的改变，$EIAV_{LN40}$和发热后样本的糖基化位点数要明显多于其他序列（图2-12）。囊膜蛋白糖基化是慢病毒免疫逃逸的重要方式，它会影响病毒与靶细胞的结合及屏蔽免疫表位，逃避免疫监视。在HIV的研究中发现，感染的不同阶段HIV表型也有变化，在感染初期和感染的大部分时期都以M型和NSI型为主，在疾病后期可出现T型和SI型，这种显性的转化主要是V3区氨基酸残基的改变，但是在EIAV的研究中还没有类似的报道。

同样，EIAV在体外细胞长期培养过程中*env*基因也会出现显著的变异，这些变异被认为主要是与病毒细胞嗜性改变有关。中国EIAV弱毒疫苗株的制备过程病毒*gp90*是变异最为显著的区域，其核苷酸和氨基酸序列平均差异率分别是2.83%和4.40%，共有43处稳定的氨基酸突变位点。有9处突变主要出现在体外适应病毒。伴随病毒毒力的减弱，在V4区出现4处稳定的氨基酸突变位点（236D/–、237N/K、246N/K和247E/K），237N/K和246N/K的替换使病毒丧失了糖基化位点$^{237}NNTW^{240}$和$^{246}NETW^{249}$。随着

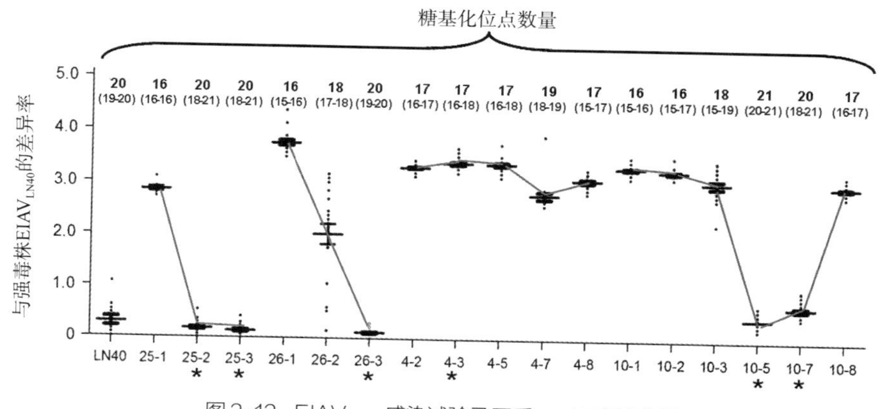

图2-12 $EIAV_{LN40}$感染试验马匹后*gp 90*变异分析

*表示发热点。

（引自王雪峰，2011，博士论文）

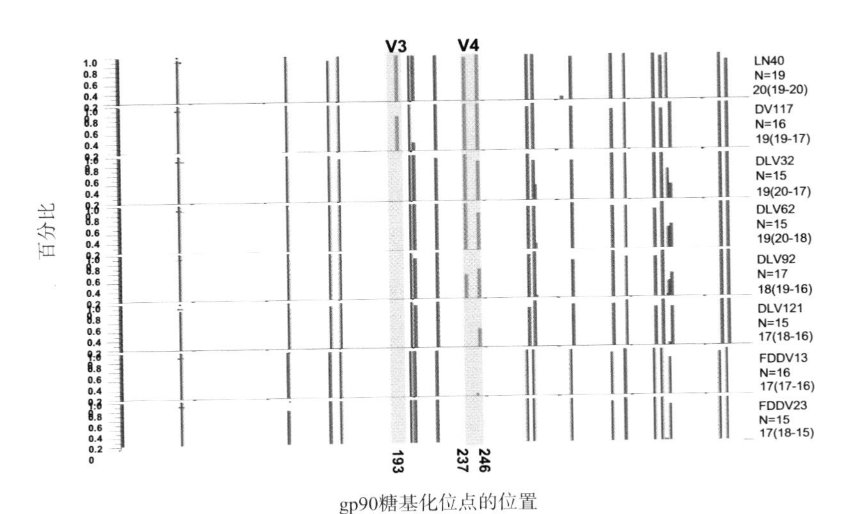

图 2-13 EIAV 弱毒疫苗体外传代过程中*gp90*糖基化位点的改变

病毒的传代各毒株*gp90*糖基化位点数逐渐减少，致病性的毒株平均糖基化位点数都在19个以上，$EIAV_{DLV92}$平均有18个，$EIAV_{DLV121}$和$EIAV_{FDDV13}$平均是17个（图2-13）。体外适应病毒均丢失了V3区糖基化位点^{191}NSSN^{194}。从毒力明显减弱的$EIAV_{DLV92}$开始逐渐出现在V4区的237N/K与稳定替换使病毒在此处丢失了糖基化位点^{237}NNTW^{240}，在弱毒株普遍存在的246N/K替换使病毒在V4区丢失了糖基化位点^{246}NETW^{249}。

EIAV长期在非自然靶细胞传代培养后，*gp45*基因出现提前终止现象，即存在所谓gp45截短现象。中国驴胎皮肤细胞弱毒疫苗$EIAV_{FDDV13}$在gp45发生783G/A的突变，形成终止密码子^{781}TGA^{783}，使gp45表达截短。gp45截短型病毒在驴胎皮肤细胞（FDD）细胞上复制能力明显高于gp45完整型病毒，然而前者在马MDM细胞上的复制能力明显低于后者。但是，当$EIAV_{FDDV13}$感染体外培养的马巨噬细胞或马匹后，发生截短突变的病毒会逐渐发生回复突变。这表明gp45截短并未使病毒丧失在体外和体内的感染能力和复制能力，但是截短型病毒作为适应驴胎皮肤细胞的产物并不能完全适应自然靶细胞（巨噬细胞）的内环境，gp45的截短突变与宿主细胞类型密切相关。类似现象在HIV-1和SIV的研究中也有发现。SIV长期在人源细胞系培养后，病毒在gp41区域出现提前终止，形成截短型病毒。当截短型病毒再次感染猕猴或在猕猴淋巴细胞培养后，发现提前终止的密码子发生回复突变。gp41截短的SIV在感染猴体内呈低拷贝复制状态，而完整型病毒感染的动物则呈现较高水平的病毒载量和明显的SIV临床症状。同样对EIAV致病性感染性克隆研究发现，gp45截短的EIAV在体内的复制能力比未截短亲本毒株低10～1 000倍。所以，囊膜蛋白的跨膜蛋白（TM）是慢病毒在靶细胞或体内复制过程中重要的因素。

二、*rev*基因的变异

慢病毒Rev蛋白可以和多种细胞蛋白相互作用，可在病毒复制过程中的多个步骤促进病毒的表达，包括核输出、翻译和包装等。Rev是慢病毒结构蛋白mRNA核输出所必需的调节蛋白，HIV－1 Rev的变异会下调病毒晚期基因的表达，并改变Gag蛋白诱导特异性CTL的敏感性。EIAV Rev功能与其他慢病毒Rev相似，通过Crm1依赖途径介导不完全剪接的病毒mRNA输出。*Rev*的变异能通过改变CTL表位，或者直接通过改变*rev*核输出活性和结构蛋白表达促进免疫逃逸。

研究显示，EIAV的*rev*基因在体内高度变异，且其变异与临床疾病状态密切相关。对EIAV持续感染病例分析发现，*rev*的变异贯穿始终，不同优势病毒亚群随着疾病状态波动，在每个临床发病期经常出现新的病毒变异体，并伴随着高水平的病毒复制（图2－14）。进化分析显示，*rev*在体内进化过程中呈现多个不同的亚群，它们在体内独自进化或不同亚群共存。不同亚群的*rev*基因功能不同，高活性Rev亚群主要出现在疾病的慢性期（chronic stages，反复发病阶段）和复发期（在隐性感染期再次发病）；而低活性*rev*亚群主要出现在隐性感染期。试验证实，相比慢性期的优势*rev*基因亚群，隐性感染期的优势*rev*基因亚群能减弱病毒的复制。这提示，*rev*的变异可以调节EIAV的复制，并促进疾病的发展。*Rev*的变异主要分布在第二外显子，RRE并不伴随出现变异。*Rev*的多数变异位点发生在已知

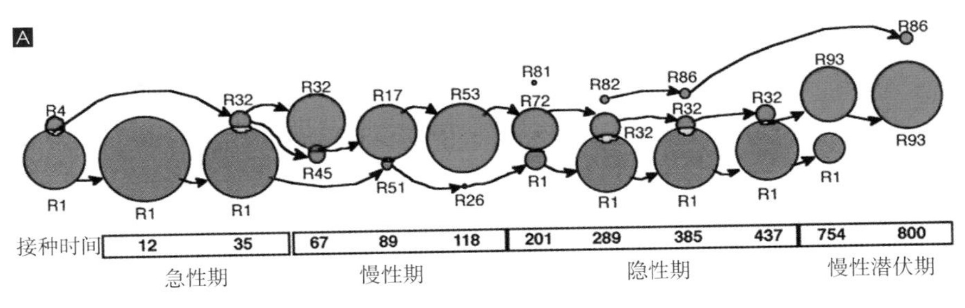

524号马

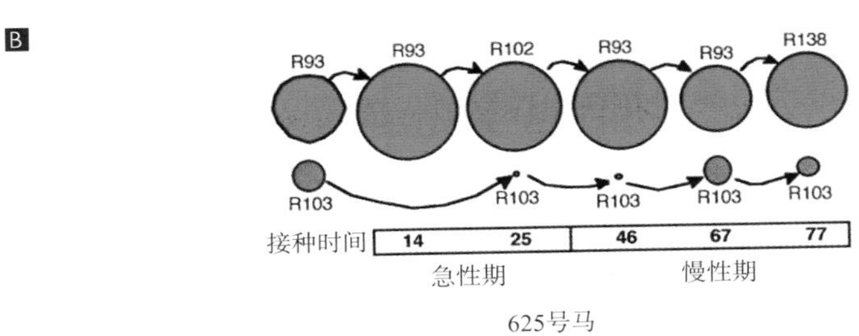

625号马

图 2-14 EIAV *Rev* 基因在体内动态变异模式

（引自Susan Car-penter等，2011）

的功能区以外，但多数变异能显著影响*rev*的功能。所以，Rev可能通过多种途径影响其生物学功能，目前还不能完全理解其变异的生物学意义。

三、LTR的变异

LTR是反转录病毒基因组中共有的非编码区，是病毒基因组整合到宿主基因组的必需元件，与病毒的复制、繁殖动力学、细胞嗜性、致病力等方面有密切的关系。EIAV LTR是基因组中高变区之一，它的变异对于调节病毒的复制和致病性具有重要的生物学意义。

研究表明，LTR的变异主要与细胞嗜性的改变有关。在EIAV和其他慢病毒当中LTR的U3区都呈高度变异的特性，主要表现为缺失、插入、点突变和转录因子结合基序的改变。U3区变异主要发生在增强子区上游的顺式作用位点MDBP和增强子下游保守的顺式作用位点之间的区域，变异方式往往是特定的细胞转录因子的增加和缺失。由于转录因子结合位点结构紧凑，一个碱基的变化即可造成结合性质和活性的改变。顺式作用位点与宿主和病毒编码的反式作用因子相互作用控制着病毒基因的转录，以适应不同的环境条件，增强子区控制着病毒转录起始频率。因此，增强子区的变异往往与细胞嗜性和毒力紧密相关，LTR的变异主要集中在U3区。Maury等报道，LTR增强子区序列的插入或缺失，导致EIAV LTR的长度在体内和体外发生改变，但一般为320 bp左右。

中国EIAV弱毒疫苗在体外传代过程中LTR的变异主要集中在U3区和R区的转录起始位点，随着传代次数增加，在负调节区丢失了GATA结合位点，并在增强子区出现了E–box基序。此外，传代初期低代次致病毒株与后期的高代次弱毒株在负调节区的AP–1结合位点和转录起始位点，以及TAR的起始位点存在明显差异。U3区插入或缺失突变主要发生在$EIAV_{DLV62}$（EIAV强毒株在体外巨噬细胞传代培养第62代病毒）及其进一步传代毒株（$EIAV_{DLV92}$、$EIAV_{DLV121}$、$EIAV_{FDDV13}$和$EIAV_{FDDV23}$），插入或缺失主要集中的特定的区域，在负调节区有17bp重复序列（AGT TGC TGA TGC TCT CA）的插入、11个核苷酸（ATG TGA CCC AG）的缺失、相同的11bp重复序列（ATG TGA CCC AG）的插入、4个核苷酸（CCT T）的插入和6个核苷酸（CTC TCA）的缺失；在增强子区有16bp重复序列（ATA GTT CCG CTT TTG T）的插入。点突变分布广泛，主要在R区的转录起始位点和TAR的起始位点。强毒株（LN40和DV117）的转录起始位点是GGAC；$EIAV_{DLV32}$（EIAV强毒株在体外巨噬细胞传代培养第62代病毒）和$EIAV_{DLV62}$除GGAC外，还有AAAC或GAAC的存在；$EIAV_{DLV92}$（EIAV强毒株在体外巨噬细胞传代培养第92代病毒）是AAAC或GAAC，$EIAV_{DLV121}$（EIAV强毒株在体外巨噬细胞传代培养第121代病毒，即驴白细胞弱毒疫苗）是AAAC、AGAC、GAAC和GGTC共存；在驴胎皮肤细胞传代第13代病毒（$EIAV_{FDDV13}$）主要是GGTC；第23代病毒（$EIAV_{FDDV23}$）全部是GGTC。$EIAV_{LN40}$、$EIAV_{DV117}$和$EIAV_{DLV32}$的所有克隆在TAR的起始位点均是A；在$EIAV_{DLV62}$中有3/5的克隆是A，2/5的克隆是G；

EIAV$_{DLV92}$、EIAV$_{DLV121}$、EIAV$_{FDDV13}$和EIAV$_{FDDV23}$的所有克隆都是G。TAR的起始位点A/G的突变会引起TAR二级结构发生明显的改变（图2–15）。

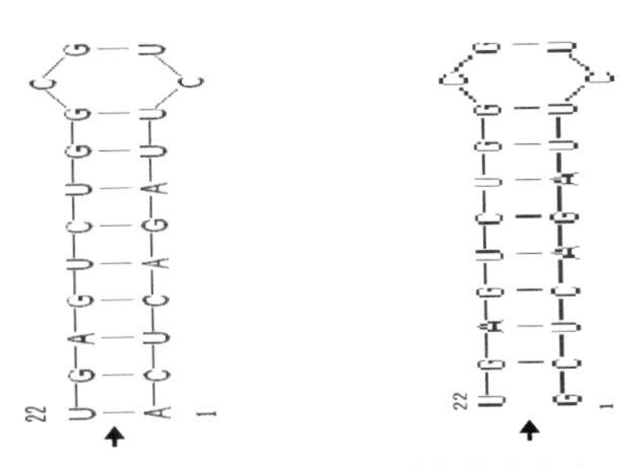

图 2–15　TAR 的二级结构发生改变

在U3区的插入、缺失和点突变，引起各毒株LTR上细胞转录因子结合位点的数量和种类发生了改变（图2–16）。主要表现为：伴随着病毒在体外传代次数的增加，各病毒在负调节区具有AP–1结合位点的序列逐渐增多；EIAV$_{DV117}$在增强子区有1/19的克隆具有MDBP结合位点，各个驴白细胞培养毒株中具有该位点的克隆在5/19 ~ 7/21，各个驴胎皮肤细胞培养毒株具有18/22 ~ 21/23的克隆；各体外培养毒株中绝大多数序列都存在E–box结合基序；EIAV$_{LN40}$、EIAV$_{DV117}$和驴白细胞培养毒株中多数序列含有GATA结合位点，在EIAV$_{FDDV13}$和EIAV$_{FDDV23}$则完全丧失了该位点；EIAV$_{LN40}$在增强子区有

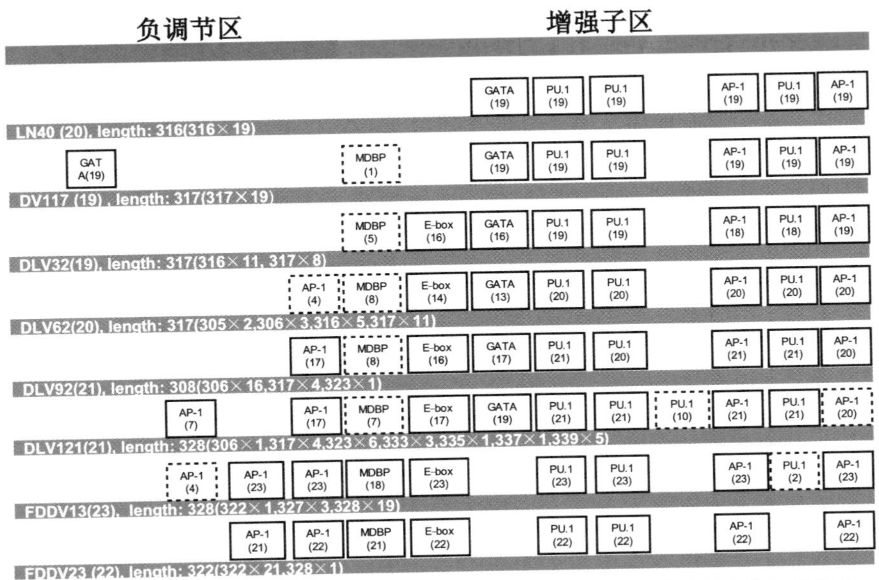

图 2–16　EIAV 弱毒疫苗致弱过程中不同病毒株 LTR 的转录因子结合位点分布示意图

3个PU.1基序（GTTCt/cTTCC）和2个AP－1基序，具有3’端的PU.1结合位点序列在$EIAV_{FDDV13}$和$EIAV_{FDDV23}$中具有的序列进一步减少直至消失（分别有2个和0个），其余位点所有毒株中稳定存在。另外，$EIAV_{DLV121}$中有10个序列在5’和中间PU.1结合位点之间又多出了一个PU.1结合位点。

四、*S2*的变异

S2是EIAV特有的附属蛋白，其具体功能还不清楚。S2蛋白包含65～68个氨基酸，与其他慢病毒的附属蛋白在序列上没有同源性。在S2预测出与HIV的Nef相似的蛋白基序，包括豆蔻化位点、SH3黏附区域和酪氨酸激酶－Ⅱ磷酸化位点，从而推测其与HIV或SIV的附属蛋白Nef在功能上相似。HIV Nef蛋白是影响病毒毒力和感染性的重要因素。研究表明，灵长类慢病毒的*Nef*基因在体内具有高度多态性的特点，在不同的发病状态呈现不同的变异体。

EIAV经体外长期培养传代后*S2*基因会发生明显的变异，但是*S2*的缺失不会影响病毒在体外复制。关于*S2*在感染马体内的进化研究很少，只有Li等人在2 000年对感染性克隆$EIAV_{PV}$的衍生病毒在2匹试验感染小马进行研究，该研究结果显示病毒在体内进化过程中*S2*基因高度保守，*S2*的缺失会显著降低病毒在体内的复制水平和致病力。*S2*是中国EIAV弱毒疫苗与其亲本强毒株基因组间变异最大的区域之一，在EIAV弱毒疫苗感染性克隆（$EIAV_{FDDV3-8}$）的基础上将*S2*进行回复突变后尽管不能引起病毒毒力的回复，但是在体内病毒载量会适度增加，这表明*S2*的变异会影响病毒在体内的复制，但并不是影响致病力的唯一因素。王雪峰等人对EIAV弱毒疫苗亲本毒株$EIAV_{LN40}$感染试验马匹后连续分离病毒测序发现，EIAV *S2*基因在体内进化过程中高度变异，呈现明显正选择压力。尽管这与Li.F等前期的研究结果不同，但是与HIV－1 *nef*基因在体内的进化相似，同样具有高变异和多样性的特点。这也进一步支持S2可能与HIV－1 Nef具有相似功能的观点。需要强调的是，Li.F的研究中*S2*基因主要是从EIAV感染马匹发热点样本扩增的病毒RNA，结果是各样本间*S2*基因高度保守。王雪峰等人的研究同样发现，从不同马匹发热点分离的病毒也是高度保守的（图2-17），所以这两项研究结果进一步支持S2进化可能与EIAV发病有关的结论。

另外，王雪峰的研究发现从EIAV感染不同马匹早期分离的病毒*S2*/

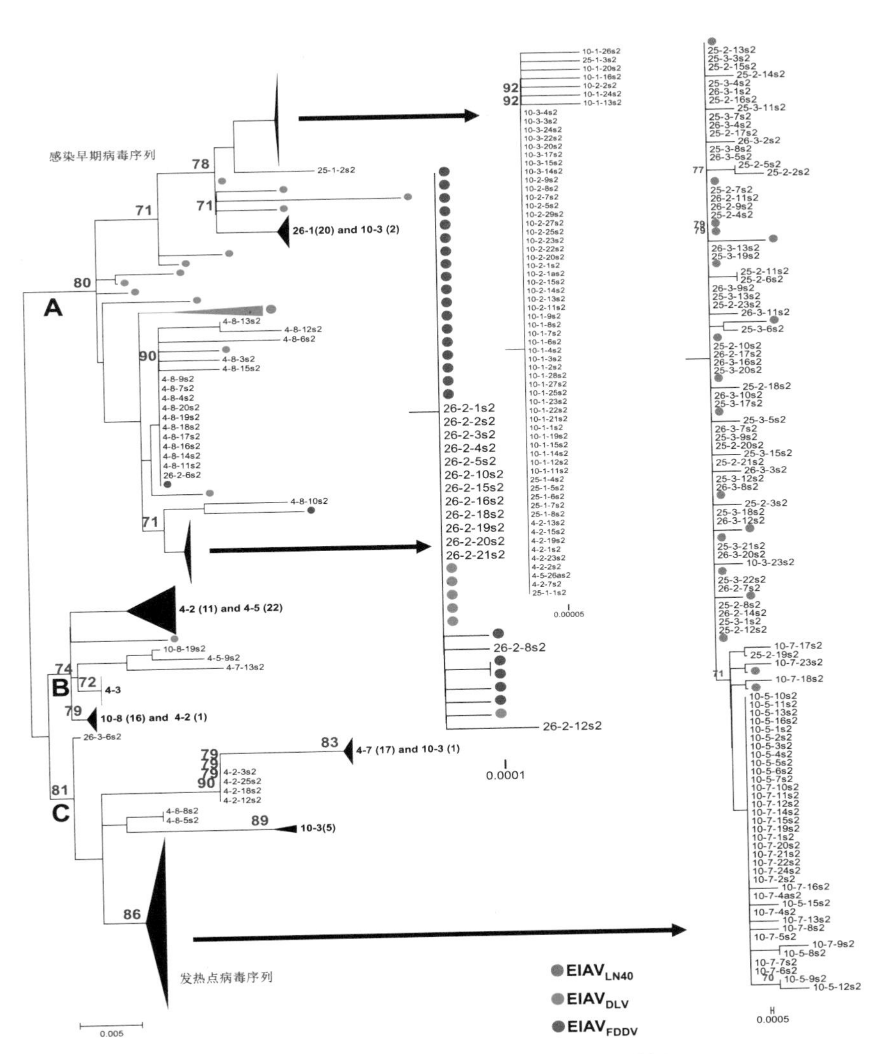

图2-17　EIAV$_{LN40}$感染马匹后*S2*基因进化分析

*gp90*基因高度同源，并明显区别于接种病毒病毒（图2－13）。Keele B. F.等发现HIV－1在感染过程中*env*基因存在类似结果，认为这与病毒传播和感染过程有关。但是在其他慢病毒的附属蛋白还没有类似研究报告。考虑到灵长类慢病毒的附属蛋白存在对抗天然免疫限制因子（APOBEC和Tetherin）的作用，所以推测*S2*的变化也可能与病毒建立感染有关，这是适应微环境的结果。

五、EIAV抗原性

EIAV感染马匹后通常21d后在血清中能检测到抗体的出现，体液免疫主要是针对病毒env蛋白（gp90和gp45）和核心蛋白p26，针对p26的抗体反应性比*env*抗体弱10～100倍，但是*env*抗体持续时间最长，gp90和gp45是产生中和抗体和具有保护性反应的主要成分，其抗体产生水平反映了机体抗感染的重要意义。此外，其他结构蛋白和非结构蛋白也能产生低水平的抗体。p26是EIAV病毒粒子中含量最多的病毒蛋白，抗*p26*抗体在体内出现最早，当前所有的EIAV诊断方法都是检测p26抗体。

在马传贫发病早期CTL对病毒复制的控制要早于中和抗体，针对env和Gag特异性的$CD8^+$ T细胞能在病毒感染14d后检到，占非刺激性循环$CD8^+$T的6.7%。针对Gag特异性的$CD8^+$ T细胞数量与病毒载量呈负相关，其可以控制病毒血症和临床发病。在Gag、Pol、Env、Rev和S2都已鉴定存在CTL表位，在Gag存在群特异性CTL表位，4个表位簇定位于p15和p26。gp90作为病毒诱导机体产生免疫保护的主要抗原成分，分布有丰富的免疫识别表位。已经鉴定出3个主要的中和表位，其中E_{NT}和D_{NT}位于变异区V3，C_{NT}位于V5区。还存在9个高活性的Th表位，分别存在于V3区、V4区和V5区。V3区是中和抗体的主要靶区域，存在着EIAV的主要中和区域PND，同时还存在丰富的CTL表位，在这个区域经常发生多碱基的缺失突变。

第七节 宿主对 EIAV 的免疫控制

机体免疫反应抑制病原感染为一种复杂的保护性反应，包括先天性免疫和获得性免疫。先天性免疫通过其解剖屏障、生理屏障、细胞吞噬屏障和炎症反应屏障在病原感染早期阻止、抑制和杀灭病原。先天性免疫是机体抵抗病原侵袭的第一道防线。而获得性免疫指的是机体受到某种抗原刺激后产生的针对该抗原的特异性抵抗力，包括体液免疫和细胞免疫两个方面。

EIAV感染宿主后能引起机体复杂的免疫反应，进行漫长的宿主与病毒相互作用的抗争。宿主免疫应答调控EIAV的复制进程，同时EIAV通过抗原漂移等方式逃避宿主免疫应答。在获得性免疫应答中，体液免疫和细胞免疫都发挥着重要的作用，分别通过清除宿主体液和细胞内的病原微生物进而保护机体免受病原侵袭。慢病毒感染宿主后，免疫反应与病毒保持持续战斗。虽然缺乏临床症状，但非洲某些非人灵长类动物感染SIV后体内保留高水平的病毒复制，同时病毒复制并没有被机体适应性免疫反应控制住。反之，长期感染EIAV的缺乏临床症状的马组织内病毒呈低水平复制，而体内低水平病毒滴度与激活的T淋巴细胞/B淋巴细胞等适应性免疫应答相关。同时，对慢性感染EIAV马匹使用地塞米松抑制免疫反应后，体内病毒复制水平明显上升。EIAV在感染马体内存在高水平的变异，有些宿主的免疫系统最终能控制病毒复制，其原因是宿主对EIAV的免疫控制。

一、EIAV细胞免疫研究进展

抗原进入机体后刺激T淋巴细胞，T淋巴细胞增殖和分化成为致敏

T淋巴细胞，当同样的抗原再次进入机体后，致敏淋巴细胞通过直接杀伤作用及释放淋巴因子的协同杀伤作用清除抗原，统称为细胞免疫。T淋巴细胞来源于胸腺，能识别结合在自身MHC分子上呈递的抗原。T淋巴细胞主要包括$CD4^+$ T淋巴细胞（辅助性T淋巴细胞）和$CD8^+$ T淋巴细胞（细胞毒性T淋巴细胞）。研究表明，在慢病毒感染机体诱发的免疫反应中，细胞免疫可能占据更为主要的地位。

由于遗传缺陷不能产生T淋巴细胞的幼驹感染EIAV后不能清除初期病毒血症，而健康幼驹能控制初期病毒血症，提示淋巴细胞介导的细胞免疫在EIAV控制中起到重要作用。同时，有研究表明HIV－1特异性$CD8^+$ T淋巴细胞的活性和血浆病毒RNA拷贝数之间存在着反向相关性，表明细胞免疫在抑制慢病毒感染中扮演重要角色。

当前研究对EIAV持续感染的分析结果表明高水平病毒特异性淋巴细胞增殖反应在马体中持续存在。试验感染马匹14d之后即能在体内检测到细胞毒性T淋巴细胞。因此，在EIAV感染早期，细胞免疫相对于体液免疫对EIAV的免疫控制具有更重要的意义。EIAV弱毒疫苗免疫马匹6个月之后，$CD4^+$ T细胞的增殖水平明显（约38%）高于$CD8^+$ T淋巴细胞的增殖水平，强毒感染的马匹虽然也能诱导$CD4^+$ T淋巴细胞和$CD8^+$ T淋巴细胞的增殖，但其水平（低于10%）均显著低于弱毒疫苗免疫马匹。研究表明，EIAV诱导的特异性$CD8^+$ T淋巴细胞主要识别病毒的Gag和Env蛋白，其次是Pol和S2蛋白。且在Gag蛋白的MA和CA蛋白中鉴定出4个T淋巴细胞识别的抗原决定簇（T细胞表位）。在长期感染的动物体内，在大部分病毒蛋白中都鉴定出细胞毒性T细胞表位。用致弱的EIAV毒株感染马7个月之后，在病毒Env糖蛋白里面鉴定出多个辅助T细胞表位和细胞毒性T细胞表位。同时，也有研究表明高水平的Gag/Rev特异性细胞毒性T细胞的诱导，与病情的缓解和病毒滴度的降低相关。此外，用来源于Gag中的保守区域的肽段刺激宿主发现能提高$CD4^+$ T淋巴细胞的增殖水平。$CD4^+$ T和$CD8^+$ T淋巴细胞的增殖和活化，在慢病毒免疫保护中具有重要作用。$CD4^+$ T淋巴细胞增殖水平与产生时间对疫苗能否诱导有效的记忆，产生有效的免疫保护至关重要。

EIAV感染细胞后，具有免疫调节和抗病毒作用的IFN－γ的水平也有类似于特异性T淋巴细胞的变化。IFN－γ通常由$CD8^+$ T细胞产生，但是$CD4^+$T细胞及NK细胞也能分泌，对IFN－γ的水平进行检测可以用来评价抗原刺激机体诱导的细胞免疫水平。弱毒疫苗免疫马匹和强毒感染马匹外周血单个核细胞（PBMC）中IFN－γ水平均呈上升的趋势，且弱毒疫苗免疫马匹IFN－γ上升水平较强毒感染马匹高，与CD4和$CD8^+$ T细胞的增殖水平呈正相关。研究表明，在感染初期IFN－γ的表达水平在调节保护性免疫应答及抗病毒感染中发挥了重要作用。对其他细胞因子进行检测分析发现，EIAV感染能上调IL－1α、IL－1β、IL－4、IL－6、IL－8、IL－10等的水平。细胞因子的诱导与保护性免疫反应息息相关，T淋巴细胞及其分泌的细胞因子在慢病毒免疫中具有重要作用。

二、EIAV体液免疫研究进展

B细胞产生针对某种抗原的特异性抗体来保护机体，称为体液免疫。成熟B细胞的细胞膜上含有B细胞受体（BCR），能识别和结合互补抗原。随后B细胞增殖和分化成B细胞群，其中一部分形成浆细胞，另外一部分形成记忆细胞。浆细胞分泌针对该抗原的特异性抗体，抗体进入血液循环参与免疫反应协助机体清除病原；而记忆细胞参与二次免疫反应，当抗原再次入侵时，迅速分裂产生新的浆细胞和记忆细胞。

体液免疫，特别是分泌性中和抗体在机体防御病原侵染中具有重要作用。在试验感染马体时，病毒接种马匹14～28d内即能通过免疫印迹或者ELISA技术检测到EIAV特异性抗体，虽然其中大部分抗体都不具备中和活性。研究表明，在感染EIAV后，宿主诱导产生体液免疫是一个复杂而漫长的过程，病毒感染，马匹38～87d或之后才开始出现特异性中和抗体，并且中和抗体的水平在90～148d或之后达到最高水平。在这6～8个月的免疫成熟期中，机体内的抗体组建由低亲和力、非中和性、线性表位向高亲和力、有中和活性、构象型表位转化。EIAV感染马匹第一次病毒血症清除后导致机体产生特异性中和抗体。中和抗体产生的时间在感染2个月之后，持续增长至10个月，之后处于稳定水平。中和抗体出现时第一次病毒血症早已经结束。据此认为，在机体感染病毒后的第一次病毒血症的清除中，起主要作用的是细胞毒性T细胞，而在随后的感染过程中，中和抗体才开始发挥作用。EIAV强毒感染或者弱毒疫苗免疫马匹均能产生相应的中和抗体。当用强毒免疫马匹之后，于发热点采集血清，能获得针对初始病原的特异性中和抗体。但是随着病毒在宿主体内的演变，于随后发热点再采集血清分离病毒，第一次发热期诱导的中和抗体不能有效中和随后分离到的病毒。而当采集弱毒疫苗免疫马匹获得中和抗体之后，该中和抗体对同源或者异源EIAV病毒株都具有较好的中和效果。中和抗体主要通过抗体依赖的细胞介导的细胞毒作用（ADCC）来控制慢病毒感染性。

EIAV诱导机体产生中和抗体的中和表位位于Env蛋白内。Env蛋白为EIAV病毒粒子的外膜蛋白，在细胞内被细胞蛋白水解酶加工，修饰成膜表面蛋白gp90和跨膜蛋白gp45。Gp90位于Env蛋白的N端，具有保守区和变异区。变异区可分成8个区，分别为V1至V8。其中V3区是Env的高度变异区，存在主要的中和表位。强毒感染马匹产生的中和抗体不能有效中和随后分离到的病毒，主要是因为病毒Env蛋白内中和表位的变异。有研究表明，随着病毒感染时间的延长，V3区内氨基酸的变异、包括突变、插入和缺失，呈现递增的趋势。

三、天然免疫限制因子

近年来，随着分子生物学技术和免疫学技术的迅猛发展，慢病毒与宿主蛋白的相互作用研究进展快速。逆转录病毒前病毒DNA整合进宿主染色体中对宿主造成长期有害的影响。慢病毒编码有限的病毒蛋白，需要多种细胞因子及信号通路的辅助来完成生命过程。相反地，宿主细胞也表达多种蛋白，通过不同的调控方式作用于病毒生命周期中的不同过程，限制病毒的复制。这类蛋白称为天然免疫限制因子，它们通常在非允许型细胞中被发现。在非允许型细胞中，由于限制因子的存在，病毒复制受阻。但是为了进行有效的复制，病毒演变出多种方式来对抗限制因子的作用。

此外，与其他多种病毒不一样的是，逆转录病毒在完成生命过程中需要RNA反转录成cDNA，以及双链DNA整合进宿主基因组中等过程，为宿主限制病毒复制提供了额外的靶标。第一个被发现的宿主限制因子为Fv1，它能有效抑制鼠白血病病毒（MLV）的复制。随后，多种天然免疫限制因子均被发现具有抑制慢病毒复制的功能，包括TRIM5a、SAMHD1、APOBEC3及Tetherin等。细胞内限制因子的发现加深了我们对病毒和宿主相互作用的认识，拓宽了对病毒完整生命过程的理解。

TRIM5是TRIM蛋白家族中的一员。所有的TRIM蛋白都有三个保守的功能域，它们分别是N端的RING指结构域，一个或者两个B-box结构域，以及一个CC结构域。这些蛋白的C端差异较大，大部分具有一个B30.2结构域，如人的TRIM5a。在一些猴种中，B30.2被宿主蛋白CpyA替换，形成TRIM-CypA。其中RING结构域结合两个锌原子，通常具有E3泛素化连接酶的活性，而B-box和CC结构域促进蛋白的寡聚化反应。TRIM5a在细胞内的稳定性较差，半衰期仅约1h。TRIM5a蛋白在细胞内快速更新并不依赖于蛋白酶体途径，但是当逆转录病毒感染细胞之后，TRIM5a通过蛋白酶体途径被进一步降解。TRIM5a以物种特异性的方式通过多个方面的机制限制病毒复制。TRIM5a能通过和病毒衣壳蛋白结合诱导病毒提前脱衣壳，以及通过蛋白酶体途径降解反转录复合体。此外，TRIM5a可以阻止病毒整合前复合体的入核。除了这些直接的限制作用，TRIM5a也能充当信号分子激活AP-1与NF-κB通路，通过细胞内模式识别受体介导的免疫反应间接对抗病毒感染。TRIM5a通常并不抑制来源于自身的逆转录病毒，而在病毒跨物种传播时发挥重要作用。如恒河猴源的TRIM5a并不抑制恒河猴SIV的复制，但是抑制人及其他猴种的免疫缺陷病毒的复制。人TRIM5a对HIV－1的限制活性很弱，但是对MLV和SIV具有很强的限制作用。人TRIM5a也能有效地抑制EIAV的感染性，并且这种抑制作用能通过外源添加EIAV病毒样颗粒而得到缓解。但是目前并没有有关马属动物TRIM5a蛋白在病毒跨种间传播中作用的相关报道。

EIAV进入细胞脱衣壳之后，病毒RNA反转录成cDNA，在这个过程中SAMHD1及APOBEC3通过不同的机制限制病毒生命活动。IFN－r刺激细胞后，SAMHD1表达上调。遗传性SAMHD1基因缺陷导致自身免疫疾病AGS综合征，引发早发型脑病。SAMHD1由一个SAM功能域和富含组氨酸、天冬氨酸的HD功能域组成。SAM功能域调控SAMHD1与其他蛋白的相互作用，该功能域前端有一个核定位信号，介导蛋白入核。HD功能域介导SAMHD1蛋白与核酸的结合，以及SAMHD1的寡聚化。SAMHD1是一个三磷酸水解酶，能选择性地水解dNTPs。人的SAMHD1能够降低树突状细胞、单核细胞、巨噬细胞，以及静息的CD4型T细胞中的dNTP的水平。而在上述这些非分裂细胞中，dNTP的浓度远远低于分裂的细胞，例如激活的CD4型T细胞中的dNTP浓度比静息的CD4型T细胞中dNTP浓度要高出100倍。HIV－1编码的反转录酶对dNTP具有极强的亲和活性，即使在低dNTP环境下也能实现低水平的感染。但是当细胞内dNTP的水平被像核糖核苷二磷酸还原酶抑制剂及SAMHD1等下调后，HIV－1在进入细胞后反转录过程中DNA合成受阻，从而抑制了HIV－1的感染性。同时，研究表明，SAMHD1第592位苏氨酸被磷酸化之后，虽然SAMHD1还保留水解dNTP的活性，但是其抗病毒能力被大大削弱，表明SAMHD1不仅仅通过其水解酶的活性限制HIV－1复制。HIV－2及部分SIV编码辅助蛋白Vpx,Vpx通过与DCAF1及Cul4A E3泛素化连接酶复合体在细胞核内相互作用，诱导SAMHD1通过蛋白酶体途径降解。同时，Vpx诱导SAMHD1，降解也是物种特异性的，例如恒河猴SIV Vpx能中和人的SAMHD1，但是不能中和鼠的SAMHD1。人的SAMHD1能有效抑制HIV－1复制，但是HIV－1并不编码Vpx，HIV－1通过什么样的机制来对抗SAMHD1的作用还不是特别清楚。同时，EIAV也不编码辅助蛋白Vpx，是否马属动物能在静息T细胞中表达SAMHD1限制EIAV的复制，以及EIAV通过什么样的机制来对抗SAMHD1的作用，目前尚不明确。

胞嘧啶脱氨酶蛋白家族包括AID、APOBEC1、APOBEC2、APOBEC3和APOBEC4等成员。这些蛋白的共同点是都包含一个或者两个保守氨基酸基序为HXEX23～28PCXXC的锌指脱氨酶功能域，通过其酶活性对DNA或者RNA中的胞嘧啶进行脱氨基反应形成尿嘧啶。AID介导抗体编码基因的重排，APOBEC1调节磷脂代谢，APOBEC2调控肌肉分化，APOBEC3在限制逆转录病毒复制、抑制逆转录转座子移动中具有重要作用，而APOBEC4的功能目前尚不清楚。在人第22条染色体上串联排布着多个APOBEC3基因，分别编码APOBEC3A、APOBEC3B、APOBEC3C、APOBEC3DE、APOBEC3F、APOBEC3G、APOBEC3H等蛋白，其中APOBEC3G和APOBEC3F被证明能限制多种病毒的感染性，包括HIV-1、HBV、SIV、HTLV-1、MLV，以及EIAV等。APOBEC3在RNA的辅助下通过包装进病毒粒子的核衣壳，同病毒感染进入新一轮的细胞。APOBEC3蛋白随着病毒脱衣壳释放出来，对病毒反转录过程中的单链DNA中的胞嘧啶进行脱氨基生成尿嘧啶。富含尿嘧啶的DNA被细胞内尿嘧啶DNA糖基化酶识别并降解，而少量未被降解的DNA复制形成双链DNA时于正链中引入大量鸟嘌呤到腺嘌呤的碱基替换。病毒基因组中出现的此类碱基替换造成病毒蛋白的突变或者提前终止，使得病毒复制严重受阻。研究表明，除了胞嘧啶脱氨酶依赖的机制，APOBEC3还可以通过其他方式抑制病毒的复制。APOBEC3抑制tRNA引物结合到病毒模板上，阻碍病毒cDNA链的延长，同时还能减少病毒DNA整合进宿主细胞。大部分慢病毒都编码辅助蛋白Vif。Vif在转录辅因子CBF-beta的作用下，通过招募细胞内基于Cullin 5、Elong B和Elong C的E3泛素化连接酶复合体，诱导APOBEC3的多聚泛素化和蛋白酶体途径降解，进而解除APOBEC3介导的抗病毒作用。马属动物也具有复杂的APOBEC3蛋白组成。研究表明，马基因组能编码A3Z1a、A3Z1b、A3Z2a2b、A3Z2c2d、

A3Z2e，以及A3Z3等多个蛋白，其中A3Z2c2d和A3Z3被证明具有一定的限制EIAV复制的作用。马APOBEC3通过RNA与EIAV核衣壳蛋白相互作用，被包装进病毒粒子中，在病毒下一轮生命过程中对反转录产物进行编辑，造成大量致死性鸟嘌呤至腺嘌呤的超级突变，从而降低病毒感染性。与同属的其他慢病毒不一样的是，EIAV并不编码辅助蛋白Vif，EIAV的dUTPase及辅助蛋白S2都不能对抗APOBEC3的限制作用，这表明EIAV通过不同于其他慢病毒的方式来对抗APOBEC3的作用。对马多种组织细胞进行APOBEC3的定量分析，结果表明具有抗病毒作用的A3Z2c2d及A3Z3在EIAV感染的马巨噬细胞中含量很低。因此，EIAV可能通过在低表达具有抗病毒作用的APOBEC3的细胞中复制来部分地逃脱APOBEC3的抗病毒作用。同时，这种APOBEC3诱导的EIAV基因组中的碱基替换，可能与病毒在宿主细胞内的变异与进化具有密切的关联。

Tetherin又称BST－2、CD317或者HM1.24，是一个干扰素可诱导表达的二型膜蛋白，由N端一个短的胞浆尾（CT）、一个α螺旋的跨膜结构域（TM）、一个细胞外的CC结构域，以及C端锚定于膜中的磷脂酰肌醇结构域（GPI）组成。细胞外CC结构域中三个保守的氨基酸通过二硫键的作用介导Tetherin在包膜形成同源二聚体。Tetherin通过其C端的GPI结构域锚定于富含胆固醇的脂筏区，而N端的TM功能域并不在脂筏中。这种特殊的跨膜方式和拓扑构象对Tetherin的抗病毒作用非常关键。Tetherin分布于多种细胞中，包括淋巴细胞、单核细胞和巨噬细胞等HIV－1感染的细胞。在生理情况下，通过与细胞内AP－2复合体相互作用，Tetherin由网格蛋白依赖的方式从脂筏区被内吞进胞浆。通过直接将出芽的病毒粒子限制在宿主细胞表面的方式，Tetherin被报道能够抑制包括丝状病毒、沙粒病毒、副黏病毒、疱疹病毒、冠状病毒，以及多种逆转录病毒的复制水平。被捕获的病毒粒子通过内吞作用内化进细胞，随后进入CD63阳性的内体，进而被细胞内降解系统清除。同APOBEC3能够被HIV－1 Vif对抗类似，Tetherin也能被多种病毒编码的蛋白对抗。HIV－1及部分SIV通过其编码的辅助蛋白Vpu颉颃Tetherin对HIV－1出芽的限制。Vpu通过招募Skp1–Cullin1–F–box连接酶复合体诱导Tetherin降解，同时Vpu能降低新合成的Tetherin蛋白转运至细胞膜。此外，Tetherin还能下调Tetherin在细胞膜的含量。除了HIV–1，其他病毒编码的蛋白也通过多种机制对抗Tetherin的抗病毒作用。HIV–2、FIV及EIAV编码的Env蛋白，Ebola病毒编码的GP，部分SIV编码的Nef蛋白，KSHV编码的K5蛋白通常通过种属特异性的方式颉颃Tetherin。马巨噬细胞编码的Tetherin能强烈的抑制HIV–1、SIV及EIAV病毒样颗粒的释放。EIAV的Env蛋白能中和马Tetherin的作用，但是HIV–1的Vpu蛋白并不能中和马Tetherin。反之亦然，HIV–1 Vpu能中和人Tetherin的作用，但是EIAV的Env蛋白不能中和人Tetherin的作用。

四、免疫逃避

病原微生物感染宿主细胞后，通过各种方式逃脱宿主的免疫反应，这种现象称为免疫逃避。EIAV感染马体后诱导细胞免疫和体液免疫，同时靶细胞内还存在多种限制因子，分别抑制EIAV生命周期中的不同过程。但是，EIAV进入马体后仍可逃避宿主对其的抑制完成复制过程，建立持续性感染。研究表明，EIAV可通过多种机制逃避宿主的免疫压力，包括抗原漂移、破坏机体免疫系统等。EIAV感染宿主之后，一旦病毒急性复制被控制之后，动物将会保持无明显症状状态，直到能够逃脱免疫监视的病毒变异株的出现。

纵使EIAV感染马匹之后出现具有广泛交叉保护的细胞/体液免疫介导的免疫反应，并且马匹最终控制了EIAV的复制，但是并不足以清除病毒。RNA病毒基因组突变率相对DNA病毒更高。特别是反转录病毒，由于其反转录酶保真性不高同时缺乏校正能力，容易造成基因组突变。在宿主免疫压力的选择下，这些突变毒株中有一种或几种突变毒株可能更有优势，这些优势毒株称为病毒的准种。因此，宿主体内的病毒群是由具有优势的病毒准种和序列相近但又不完全相同的病毒株组成的异质性群体。对EIAV感染马体内不同时期的病毒基因进行序列分析，结果表明存在高水平的基因变异。研究证实，感染EIAV后陆续出现的病毒血症与病毒变异引起的逃逸密切相关。其中，EIAV *gag*基因和*pol*基因变异率相对较低，囊膜基因（*env*）是EIAV基因变异中较集中的区域，*env*中*gp90*的变异率比*gp45*高出2～3倍。同时，*gp90*中基因变异往往发生在某些特定的区域。基于对变异区域的研究，将EIAV的*gp90*基因划分成8个高变区（V1至V8）和稳定区（C1至C8）。在高变区的V3区，有一个所有EIAV毒株都共有的中和表位，该区域称为主要中和位点（PND）。在病毒长期感染过程中，基因突变、置换和新的潜在的糖基化位点变化都经常出现在PND区域。此外，有研究表明在V5区也有一个中和表位。基因变异导致EIAV抗原出现无方向的连续变异，即所谓的抗原漂移现象。抗原漂移引起中和表位的改变，导致可逃脱中和抗体的变异毒株的出现，进而引起EIA的复发。EIAV通过其基因组变异，造成抗原漂移，不断逃脱宿主免疫压力，获得持续感染。研究表明，在遗传性免疫缺陷马体内，EIAV的*env*基因内并不出现基因变异。但是当这些免疫缺陷马匹被外源注射T淋巴细胞和B淋巴细胞之后，*env*基因出现变异，表明适应性免疫反应是驱动病毒变异的主要原因。

第八节 EIAV 的致病机制

马传贫患畜均出现不同程度的贫血，急性病例贫血尤为明显，其发生机制主要是红细胞破坏增加和红细胞生成减少。

红细胞破坏增加的发生机制是自生免疫性溶血。EIAV进入血液后可引起红细胞膜抗原性改变，其刺激机体产生的自身抗体附着在红细胞表面，并激活补体，而使变性红细胞在血管内溶解，附着在变性红细胞表面的补体片段可起到调理素的作用，使红细胞易于被巨噬细胞识别、吞噬和消化。在疾病初期，脾脏巨噬细胞吞噬红细胞明显增多，表现为吞铁功能亢进，以后随着脾脏巨噬细胞吞铁能力趋于饱和，其吞铁与铁转运功能下降，机体通过肝脏等其他器官的巨噬细胞吞铁加以代偿，因而在肝脏出现较明显的吞铁细胞，随这些器官巨噬细胞吞铁功能逐渐降低，最终出现严重的铁代谢障碍。

红细胞生成减少是由多种原因造成的。首先是马传贫病毒侵害骨髓使骨髓造血细胞大量被破坏，导致红细胞的再生发生障碍；其次，由于铁代谢障碍，蛋白质合成不足，以及骨髓对铁的利用障碍等因素使骨髓的造血物质缺乏，导致红细胞生成减少。另外，发生马传贫时由于肾脏的损伤影响了促红细胞生成素的形成，因而使机体形成红细胞减少。

马传贫患畜特别是急性病例具有不同程度的出血变化。其发生机制主要是EIAV、缺氧和有毒代谢产物对患畜小血管壁的损伤，使血管壁的内皮细胞变性、坏死和脱落，以及血管壁的纤维样坏死，导致血管壁的通透性升高而引起出血。此外，出血也与血小板和凝血因子减少使得血液的凝固性降低有关。血小板减少是免疫介导的血小板损伤或病毒直接感染巨核细胞引起的。EIAV感染马中，IgG和IgM黏附血小板的能力升高，这和免疫介导的血小板破坏是一致的。血小板减少也可能是巨核细胞祖细胞增殖减少或者抑制巨核细胞的成熟。EIAV感染的巨噬细胞释放的一些炎性细胞因子，如TNF－α和TGF－β可以抑制巨核细胞的产生。实际上，肿瘤坏死因子（TNF－α）、白介素－6（IL－6）和转移生长因子β（TGF－β）等炎性因子与EIA的发病密切相关。EIAV感染后组织中TNF－α、IL－1α、IL－1b和IL－6的表达量会增加。TNF－α、IL－6和TGF－β通过激活花生四烯酸通路，增加前列腺素（PGE2）的表达水平，进而引起发热反应。TNF－α/TGF－β可抑制马巨核细胞克隆的增殖使血小板减少，TNF－α还会下调红细胞的生成，可能参与贫血的发生。

关于本病的肾小球肾炎，主要是由于EIAV刺激机体产生的相应抗体，在循环血液中形成抗原–抗体复合物沉积于肾小球毛细血管基底膜引起的。病马可视黏膜黄疸，是因肝脏部分肝细胞发生变性和坏死，转变间接胆红素为直接胆红素的能力降低，血液内间接胆红素增加，同时一部分直接胆红素经由坏死肝细胞进入血液，血液中出现直接胆红素。因此，病马可视黏膜出现黄疸，尤以膣黏膜较为明显。由于病马心脏衰弱，全身静脉瘀血，毛细血管壁通透性增加，加上病马贫血、血浆蛋白减少、血液胶体渗透压降低等原因，血液的液体成分漏出血管外而发生浮肿。

参考文献

杜建森 . 2014. HIV-1 CRF07–BC gp41 和 EIAV gp45 的结构和功能研究 [D]. 南京：南开大学 .

耿庆华 , 相文华 , 沈荣显 . 2006. 马传染性贫血病毒感染马免疫控制机制的研究进展 [J]. 中国兽医学报：(26): 577–579

扈荣良 . 2014. 现代动物病毒学 [M]. 北京：中国农业出版社 .

马建 . 2008. EIAV 疫苗株 gp90 基因的多克隆构成和体内进化与免疫保护的相关性 [D]. 北京：中国农业科学院 .

马学恩 . 2007. 家畜病理学 [M].4 版 . 北京：中国农业出版社 .

于力 , 张秀芳 . 1996. 慢病毒和相关疾病 [M]. 北京：中国农业科技出版社 .

王雪峰 . 2007. 中国马传染性贫血病毒驴强毒株与驴白细胞弱毒疫苗株前病毒全基因组序列分析 [D]. 呼和浩特：内蒙古农业大学 .

王雪峰 . 2011. 马传染性贫血病毒弱毒疫苗致弱过程病毒基因的进化研究 [D]. 呼和浩特：内蒙古农业大学 .

张淑琴 . 2008. 马传染性贫血病毒受体选择剪接变异体的鉴定及功能性研究 [D]. 呼和浩特：内蒙古农业大学 .

BALL J M, RUSHLOW K E, ISSEL C J, et al. 1992. Detailed mapping of the antigenicity of the surface unit glycoprotein of equine infectious anemia virus by using synthetic peptide strategies[J]. J Virol,(66): 732–742.

BOGERD H P, TALLMADGE R L, OAKS J L, et al. 2008.Equine infectious anemia virus resists the antiretroviral activity of equine APOBEC3 proteins through a packaging-independent mechanism[J]. J Virol,(82): 11889–11901.

CHUNG C, MEALEY R H, MCGUIRE T C. 2005.Evaluation of high functional avidity CTL to Gag epitope clusters in EIAV carrier horses[J]. Virology,(342): 228–239.

Clements J E, et al.Virus Res, 1990. 16(2): 175–183.

COOK RF, LEROUX C, ISSEL C J. 2013. Equine infectious anemia and equine infectious anemia virus in 2013: a review[J]. Veterinary microbiology, 167: 181–204.

CRAIGO J K, MONTELARO R C. 2013. Lessons in AIDS Vaccine Development Learned from Studies of Equine Infectious, Anemia Virus Infection and Immunity[J].Viruses, 5: 2963–2976.

FINN SKOU PEDERSEN,MOGENS DUCH. 2001. Retroviral Replication[M]. DOI: 10.1038/npg.els.0004239.

GENDELMAN H E, NARAYAN O, KENNEDY-STOSKOPF S, et al. 1986. Tropism of sheep lentiviruses for monocytes: susceptibility to infection and virus gene expression increase during maturation of monocytes to macrophages[J].J Virol, 58(1): 67–74.

GOLDSTONE D C, ENNIS-ADENIRAN V, HEDDEN J J, et al. 2011. HIV-1 restriction factor SAMHD1 is a deoxynucleoside triphosphate triphosphohydrolase[J]. Nature,(480): 379–382.

HARRIS R S, BISHOP K N, SHEEHY A M, et al. 2003.DNA deamination mediates innate immunity to retroviral infection. Cell, 113: 803–809.

HARROLD S M, COOK S J, COOK R F, et al. 2000. Tissue sites of persistent infection and active replication of equine infectious anemia virus during acute disease and asymptomatic infection in experimentally infected equids[J]. J Virol, 74: 3112–3121.

HINES R, MAURY W.2001. DH82 cells: a macrophage cell line for the replication and study of equine infectious anemia virus[J]. J Virol Methods, 95(1–2): 47–56.

HINES R, SORENSEN B R, SHEA M A, et al. 2004.PU.1 binding to ets motifs within the equine infectious anemia virus long terminal repeat (LTR) enhancer: regulation of LTR activity and virus replication in macrophages[J].J Virol, 78(7): 3407–3418.

HRECKA K, HAO C, GIERSZEWSKA M, et al.2011. Vpx relieves inhibition of HIV-1 infection of macrophages mediated by the SAMHD1 protein. Nature, 474: 658–661.

LAGUETTE N, SOBHIAN B, CASARTELLI N, et al. 2011.SAMHD1 is the dendriticand myeloid-cell-specific HIV-1 restriction factor counteracted by Vpx. Nature, 474: 654–657.

LECOSSIER D, BOUCHONNET F, CLAVEL F, et al. 2003. Hypermutation of HIV-1 DNA in the Absence of the Vif Protein[J]. Science, 300: 1112.

LEE M K, HEATON J, CHO M W. 1999.Identification of Determinants of Interaction between CXCR4 and gp120 of a Dual-tropic HIV-1DH12Isolate[J]. Virology, 257(2): 290–296.

LICHTENSTEIN D L, RUSHLOW K E, COOK R F, et al. 1995. Replication in vitro and in vivo of an equine infectious anemia virus mutant deficient in dUTPase activity[J]. J Virol, 69(5): 2881–2888.

MANGEAT B, TURELLI P, CARON G, et al. 2003.Broad antiretroviral defence by human APOBEC3G through lethal editing of nascent reverse transcripts[J]. Nature,(424): 99–103.

MAURY W. 1994.Monocyte maturation controls expression of equine infectious anemia virus[J].J Virol, 68(10): 6270–6279.

MAURY W, BRADLEY S, WRIGHT B, et al. 2000. Cell specificity of the transcription-factor repertoire used by a lentivirus: motifs important for expression of equine infectious anemia virus in nonmonocytic cells[J]. Virology, 267(2): 267–278.

NA L, TANG YD, LIU JD, et al. 2014. TRIMe7–CypA, an alternative splicing isoform of TRIMCyp in rhesus macaque, negatively modulates TRIM5alpha activity. Biochemical and biophysical research communications, 446: 470–474.

NEIL SJ, ZANG T, BIENIASZ PD. 2008.Tetherin inhibits retrovirus release and is antagonized by HIV-1 Vpu[J]. Nature,451: 425–430.

OAKS J L,MCGUIRE T C,ULIBARRI C,et al. 1998. Equine Infectious Anemia Virus Is Found in Tissue Macrophages during Subclinical Infection[J]. J Virol, 72(9): 7263–7269.

OAKS J L, ULIBARRI C, CRAWFORD T B. 1999.Endothelial cell infection in vivo by equine infectious anaemia virus[J]. J Gen Virol, 80 (9): 2393–2397.

PAYNE S L,CELLE K L, PEI X F,et al. 1999. Long terminal repeat sequences of equine infectious anaemia virus are a major determinant of cell tropism[J].J Gen Virol, 80 (3): 755–759.

PAYNE S L, QI X M, SHAO H,et al.1998. Disease induction by virus derived from molecular clones of equine infectious anemia virus [J]. J Virol, 72(1): 483–487.

PAYNE S L, RAUSCH J, RUSHLOW K, et al. 1994. Characterization of infectious molecular clones of equine infectious anaemia virus[J]. J Gen Virol, 75 (2): 425–429.

RICHARD DUNHAM, PAOLA PAGLIARDINI, SHARI GORDON, et al. 2006. The AIDS resistance of naturally SIV-infected sooty mangabeys is independent of cellular immunity to the virus [J]. Blood, 108: 209–217.

SHEEHY A M, GADDIS N C, CHOI J D, et al. 2002.Isolation of a human gene that inhibits HIV-1 infection and is suppressed by the viral Vif protein[J]. Nature, 418: 646–650.

SHEEHY A M,NATHAN C. GADDIS, JONATHAN D. CHOI, et al. 2002. Isolation of a human gene that inhibits HIV-1 infection and is suppressed by the viral Vif protein[J]. Nature, 418: 646–650.

SUN C Q, ZHANG B S, JIN J, et al.2008. Binding of equine infectious anemia virus to the equine lentivirus receptor-1 is mediated by complex discontinuous sequences in the viral envelope gp90 protein[J]. J Gen Virol, 89(8): 2011–2019.

SUSAN CARPENTER, DRENA DOBBS. 2010. Molecular and Biological Characterization of Equine Infectious Anemia Virus Rev[J]. Current HIV Research, 8: 87–93.

WANG X F, JIANG C-G, GUO W, et al. 2008.Comparison of Proviral Genomes bet ween the Chinese EIAV Donkey Leukocyteattenuated Vaccine and Its Parental Virulent Strain[J]. Bing Du Xue Bao, 24(6): 443–450.

WANG X F,WANG S, LIU Q, et al. 2014.A Unique Evolution of the S2 Gene of Equine Infectious AnemiaVirus in Hosts Correlated with Particular Infection Statuses[J].Viruses, 6(11): 4265–4279.

WANG X F, WANG S, LIN Y Z, et al. 2011.Unique evolution characteristics of the envelope proteinof EIAVLN40, a virulent strain of equine infectious anemia virus[J]. Virus Genes, 42(2): 220–228.

WEI L, FAN X, LuX,et al. 2009.Genetic variation in the long terminal repeat associated with the transition of Chinese equine infectious anemia virus from virulence to avirulence[J].Virus Genes, 38(2): 285–288.

YIN X, HU Z, GU Q, et al. 2014.Equine tetherin blocks retrovirus release and its activity is antagonized by equine infectious anemia virus envelope protein[J]. J Virol, 88: 1259–1270.

YU X, YU Y, LIU B, et al. 2003. Induction of APOBEC3G ubiquitination and degradation by an HIV-1 Vif-Cul5–SCF complex[J]. Science, 302: 1056–1060.

ZHANG B, SUN C, JIN S,et al. 2008.Mapping of Equine Lentivirus Receptor 1 Residues Critical for Equine Infectious Anemia Virus Envelope Binding[J]. J Virol, 82(3): 1204–1213.

ZHENG Y H, JEANG K T, TOKUNAGA K. 2012.Host restriction factors in retroviral infection: promises in virus-host interaction[J]. Retrovirology, 9: 112.

ZIELONKA J, BRAVO I G, MARINO D, et al. 2009.Restriction of equine infectious anemia virus by equine APOBEC3 cytidine deaminases. J Virol,83: 7547–7559.

第三章

生态学和流行病学

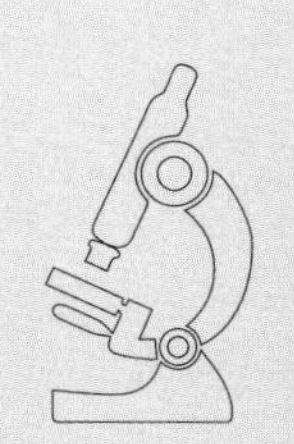

第一节 EIAV自然史

一、传染源

EIAV的传染源是病马和隐性感染马。病毒存在于病马的血液和脏器中，可随分泌物和排泄物（如血液、乳、粪、尿、精液等）排出体外而散播。隐性感染马长期不表现临床症状，但不定期发生病毒血症，是更危险和潜在的传染源。寄生在病马肠道内的圆形线虫也携带病毒。有研究表明，将这种寄生虫洗净后接种3匹矮马，经11～21d的潜伏期后均发生典型的EIA。处于发热期的急性感染马，其血浆中的病毒滴度比无症状感染马高0.1万～10万倍，是EIAV地方性流行过程中的主要传染源。

二、传播途径

EIAV主要通过血液和血液制品传播，较大的吸血昆虫特别是虻（马蝇和鹿蝇）是主要传播媒介。其次是通过输血、污染的针头，以及外科器械等医源性途径传播。

昆虫叮吮病马的血液中断之后再叮吮健康马，可造成EIAV的传播。其传播效率决定于传播载体的种类、感染马和健康马之间的距离，以及感染马血液中病毒的滴度。虻的口器较大，可携带10nL的血液，而且在叮吮时因痛感强烈而易被中断，因此比其口器小的蚊更容易传播病毒。虻是EIAV的机械性传播载体，病毒在虻体内只能生存0.5～4 h，如果吮血过程被中断，它将立即寻找机会叮吮原宿主或附近的新宿主。已知马蝇的飞行范围是183m，但在吮食被中断后，它们将寻找最近的宿主以最快的速度完成吮食过程，如果原宿主与其他宿主相隔183m以上的距离，该马蝇将重新叮吮原宿主，而不会飞出183m以外寻找新宿主。处于发热期的急性感染马，血浆中的病毒滴度很高，是主要传染源。处于间歇期的病马，血浆中的病毒滴度很低或消失，不易经吸血昆虫传播。

EIAV可经生殖、交配传播，但不常见。母马同慢性感染公马交配后会发生感染，并且在产驹后外阴会出血。慢性感染公马的生育能力下降，表现为精子数目减少、活力下降、形态发生异常。

母马与马驹之间的传播途径，包括胎盘转移、哺乳传播及载体传播。感染母马在怀孕期间如发生急性EIA，因伴有高滴度的病毒血症，易发生胎盘传播。而隐性感染马所生的马驹，只有10%发生胎盘感染。初生马驹可经初乳获得母源抗体，并可在体内持续 6 个月，但又有些证据表明，EIAV可经乳或初乳传播，这些结果尚需进一步证实。由于昆虫具有首选成年马叮吮的习性，感染母马与健康马驹之间的昆虫传播不会成为主要途径。

三、易感动物

在自然条件下或人工接种时，对马传染性贫血病毒易感的动物只有马、骡、驴。国外曾有数例人感染EIAV的记载（主要是在20世纪40年代），但从世界范围来看，随着接触EIAV或进行相关试验人数的增多，EIAV的诊断方法也得以改进，特别是建立了特异性好、敏感性高的免疫–血清学试验、分子生物学实验和病毒分离鉴定的方法，却反而未再有人类被感染的报道。因此，关于EIAV对人类的病原性问题有待进一步澄清。

四、流行规律和特点

马传贫曾在我国呈地方性流行或散发。除黑龙江、吉林、辽宁等省呈地方性流行外，其他省份呈散发。流行方式是以相邻蔓延的扩散式（或称蚕食性蔓延）与带进病原的跳跃式（突然发病、急性暴发）两种方式交叉进行。在一个流行区域内或一个省、一个县也出现这种特点，表现为在时间上有先后顺序，在区域上是逐点传递或一个和几个孤立点突然暴发。马传贫发生有以下几个显著特点。

1. 在初次发生马传贫的新疫区　在一个较短的时间内多数马匹发病，呈急性、亚急性经过的马居多，死亡率也很高。在这种情况下暴发马传贫的主要原因有两点：① 马传贫易感群的存在；② 该马群周围有足够的疫源群或引进了马传贫病马。所以这样的暴发群绝大多数原来都是由最易感马组成的清静群或较清静的马群。这样的马群在暴发前血清抗体不易检出，往往有些马匹已在临床症状上有所表现，但很不明显。在流行病学调查方面有引入马匹史或邻近区域马传贫暴发的情况。辽宁、吉林、黑龙江三省就是这种情况。

2. 在马传贫暴发后的老疫区　耐过马匹多以慢性经过为主，间有亚急性病马出现，死亡率也较低，但随马匹不断更新，易感马增加，死亡率也可能很高，但不如清静群暴发后那样高。在本病流行初期，就一个比较大的区域来说，马传贫死亡率和发病率每年都有升降变化，但总趋势是上升的；就一个比较小的区域来说，在以此上升后会平稳多年，此后还可能再出现一次上升。但是在存在大量慢性马的老疫群，当环境突然恶化（如气候、草料、劳役等）或改变生活环境（如马群的移动）时，也可造成发病率和死亡率突然上升。在一个较大的流行区域内清净点、暴发点、老疫点等一般是同时并存的。

本病的流行无严格的季节性，但在吸血昆虫出现较多的夏秋季节（即6—9月份）发病率较高。新疆由于放牧习惯与草场环境的特殊性，在冬春季节发病和死亡率较严重，夏秋季反而较少。除新疆外，从南到北各省发病最多的是第三季度，其次是第二季度、第四季度。

第二节 世界 EIA 流行情况

一、世界EIA流行史（欧美）

由于马传染性贫血病毒的传播媒介为虻虫类，因此该病在世界范围内常分布于气候较温暖的地区。在巴西马传贫的感染率高达50%。在美国该病常流行于较适合媒介昆虫传播的墨西哥湾沿岸地区。美国农业部在1972年就通过血清学诊断对该病进行筛检，结果表明美国的马传贫感染率从1972年的3.09%降到2003年的0.01%，具体到墨西哥湾沿岸地区，感染率从1972年的11.08%降到2003年的0.03%（图3-1）。

二、世界EIA流行现状（欧美）

2010年，美国农业部在全美50个州共检测1 681 570份样品，其中阳性马传贫样品49份；而2011年，共检测1 572 868份样品，阳性样品82份；在2012年，共检测1 443 959份样品，其中阳性样品36份。流行率基本维持降低的趋势，每年略有起伏（图3-2至图3-5）。

在欧洲截至2008年，意大利、罗马尼亚、德国、法国、爱尔兰均报道有马传贫病例出现及暴发。其中，2002年爱尔兰暴发的马传贫是由于血液制品的输入所导致的（图3-6）。

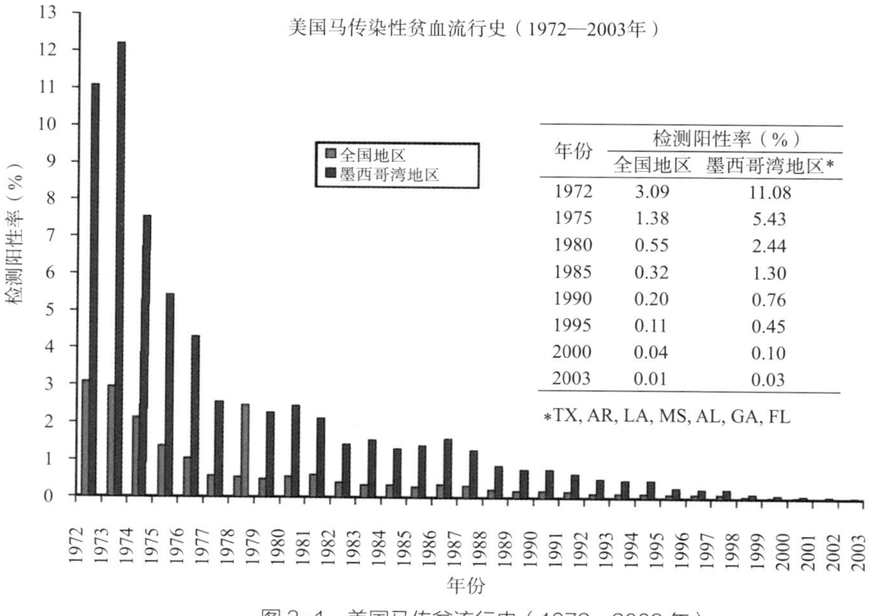

年份	检测阳性率（%）	
	全国地区	墨西哥湾地区*
1972	3.09	11.08
1975	1.38	5.43
1980	0.55	2.44
1985	0.32	1.30
1990	0.20	0.76
1995	0.11	0.45
2000	0.04	0.10
2003	0.01	0.03

*TX, AR, LA, MS, AL, GA, FL

图 3-1　美国马传贫流行史（1972—2003 年）
(引自美国农业部)

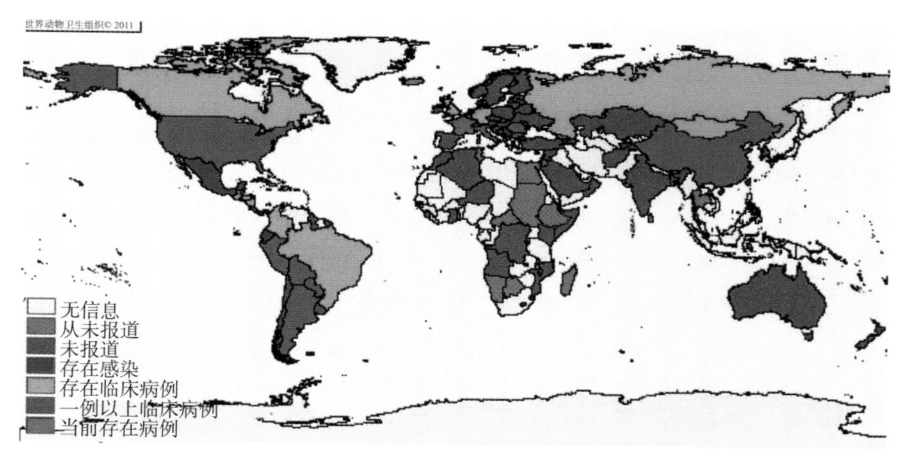

图 3-2　2010 年世界马传贫流行情况
（引自美国农业部）

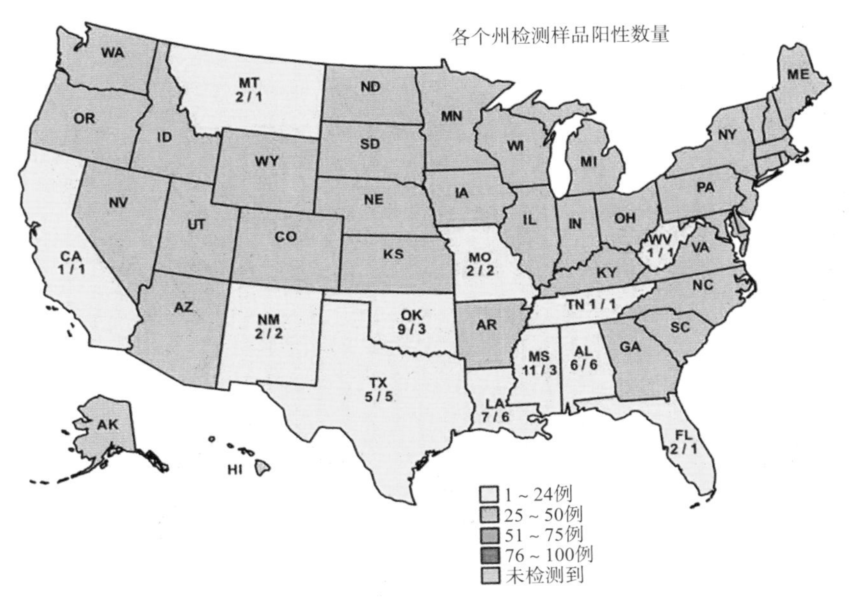

图 3-3　2010 年美国马传贫流行情况

（引自美国农业部，《2010年年度美国马传贫检测及流行报告》，2011）

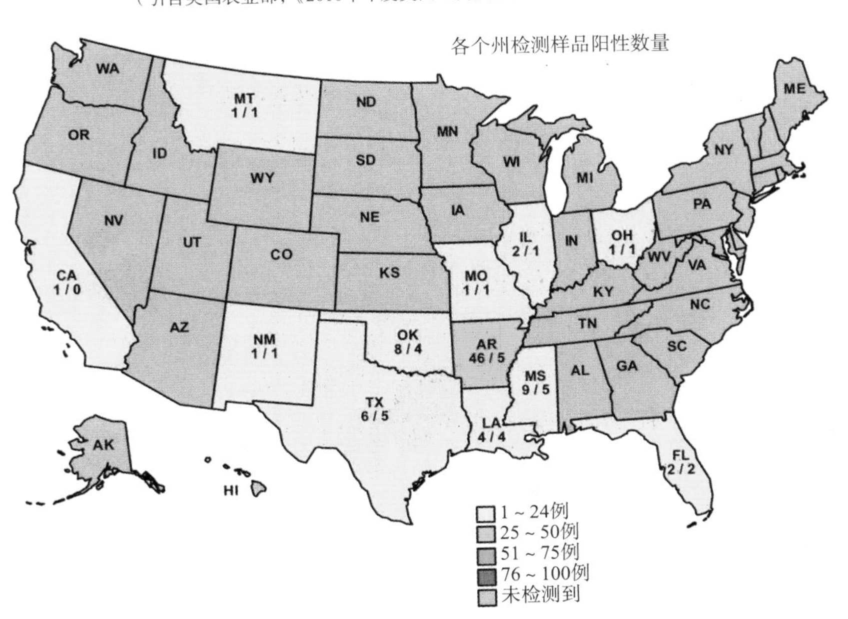

图 3-4　2011 年美国马传贫流行情况

（引自美国农业部，《2011年年度美国马传贫检测及流行报告》，2012）

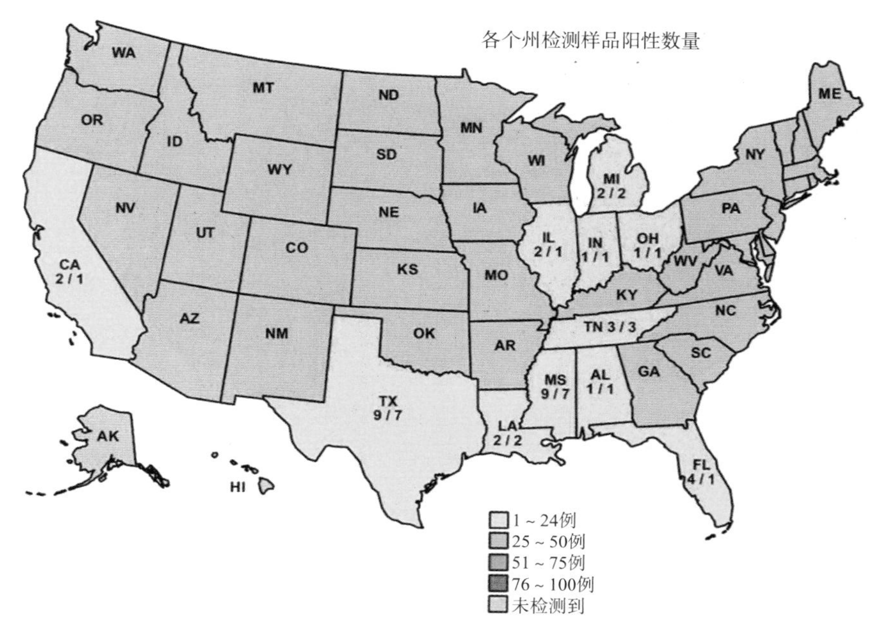

图3-5　2012年美国马传贫流行情况
（引自美国农业部，《2012年年度美国马传贫检测及流行报告》，2013）

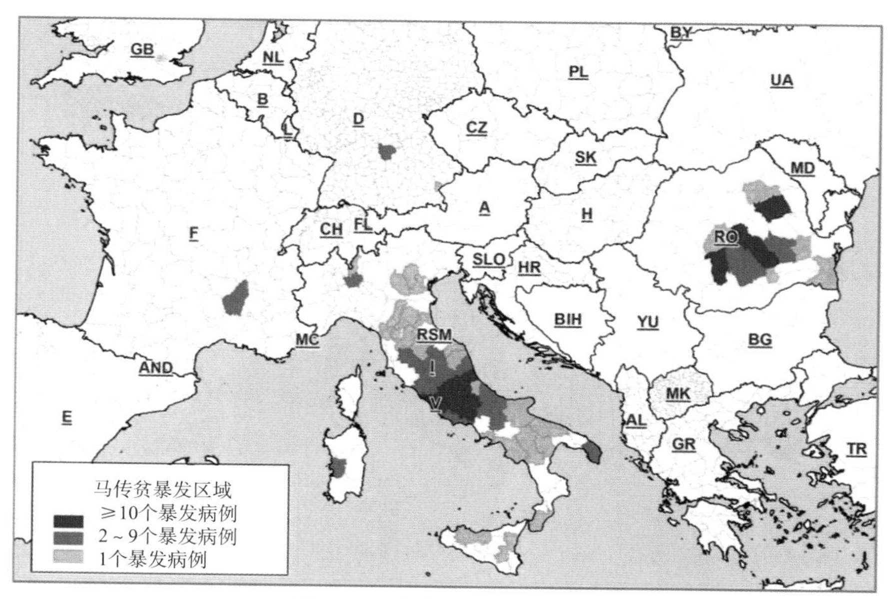

图3-6　2008年欧洲马传贫流行情况
（引自瑞士联邦兽医办公室）

第三节 我国 EIA 流行情况

一、我国EIA流行史

追溯历史，我国以往并无此病。20世纪30年代日军侵华期间（1936—1943年），伪满当局为供日军侵华需要，先后在黑龙江省设立国立种马场六处，育成马场一处，在哈尔滨、克山、林口、昂昂溪、肇东、海伦、龙镇等地建场。饲养日本马2 645匹。在此期间，侵华日军、日本移民开拓团的马匹中曾有马传贫的流行。

新中国成立前，东北三省民间中兽医在临床治疗病马时发现，病马反复发热，传说无名高热。同时，病马有贫血、消瘦、浮肿、黄染、使役无力、用药无效等记载。但当时病畜仅局限于日本军马和其开拓团役马中，没有在社会上传播蔓延。

我国对马传贫的真正认证、流行病学调查、诊断、免疫、防制等研究工作是新中国成立以后开始的。据农业部办公厅档案室1960年41号卷《我部组织黑龙江省马传贫工作组调查报告》中记载："我国马传贫疫源主要来自日本帝国主义侵华时期，随日本开拓团输入大批带有马传贫病毒的感染马。"另外，由苏联、蒙古进口小额贸易马检疫不彻底，进口马群内混有隐性传贫病马。这些马群的引进造成我国发生此病。如1953年引进的苏联种马，分别饲养于勃利种马场、牡丹江种畜场、内蒙古大雁马场，在运输中就有高温病马。勃利种马场1953年9月入场的195匹马中189号马在满洲里就发热，养了1个月，10月份运回场内，11月份死亡。经检查确诊为马传贫。1954年7月该场马匹大批发生马传贫。

1958年11月，黑龙江省商业厅太康种马场由满洲里、黑河小额贸易从苏联进口杂种马528匹，于1959年4月暴发了马传贫。据农业部办公厅档案室1963年165号卷《我部关于马传贫防制工作组的工作计划及调查报告》中记载："马传贫在1960年以前仅在几个国营牧场中发生。"首先于1954年在黑龙江省国营勃利种马场、牡丹江马场、内蒙古大雁马场的苏联进口种马中发生。黑龙江省1958年在山市种马场、1959年在绿色草原牧场的苏联进口种马中又相继发生。1960—1962年，马传贫在各地人民公社的本地耕马和城市运输马中呈暴发流行。3年里，疫情总趋势不断扩大，死亡马日益严重。黑龙江、辽宁、吉林、内蒙古四省（自治区），死亡马由1960年的1 600多匹增加到1962年的5 900多匹。3年累计发生病马17 300多匹，死亡11 700匹，死亡率占发病马的67.7%。

农业部马传贫防治工作组1963年4月21日给国务院的《关于东北三省和内蒙古东部地区马传染性贫血病的调查研究报告》中指出："东北地区马传贫的来源，据调查主要是由苏联小额贸易进口马带来的，其次是1953年由苏联购入的苏维埃重挽马带来的。"1953年黑龙江省从苏联远东阿穆尔州的16个农庄的种马场、养马场小额贸易进口苏重挽、阿尔登、卡巴金、沃尔洛夫等重、轻型种马1 000余匹。1954年5月，首批接纳苏联小额贸易进口马的黑龙江省勃利种马场、牡丹江农垦局、牡丹江种畜试验场（山市种马场）、牡丹江马场等相继发生了马传贫。农业部、黑龙江省农业厅、畜牧厅组成的工作组，用临床综合诊断、病理解剖、生物学试验确诊马传贫病马699匹，占进口马的66.9%，死亡214匹，扑杀病马485匹。这是我国首批定性的马传贫病马。1955年苏联专家经流行病学调查、综合临床诊断、生物学试验，同意确诊为马传染性贫血。同年，黑龙江省森林工业总局、劳改局、农垦局所属马场，由苏联进口的种马都相继发病。

综上所述，20世纪50年代前我国无马传贫流行。50年代后，马传贫经由苏联小额贸易马传入我国东北。1954—1959年主要发生在黑龙江、吉林、辽宁、内蒙古、云南、河北、山西等7个省（自治区）。1963—1977年新疆从蒙古人民共和国购马传入该病。山东、甘肃、江苏、安徽4个省则是从新疆购马传入的。河北、北京、天津、陕西、河南等5个省

（直辖市）分别是由辽宁、吉林、黑龙江购马传入的。发生本病最晚的宁夏是1981年从甘肃、青海购马传入的。从我国马传贫的流行特点看，我国马传贫的发生是由国外传入国内，在国内由东北地区传入其他省份，由北向、逐渐扩散蔓延，直至全国暴发流行。

20世纪50—60年代，为马传贫传入我国呈散发流行阶段；60—70年代，为马传贫在我国广大农村、牧区暴发流行阶段；70—80年代，建立了马传贫特异性诊断方法（琼脂扩散试验、补体结合反应），成功研制了马传贫弱毒疫苗，扩大范围开展疫苗免疫阶段；80年代后期至90年代，为全面贯彻以免疫为主，“检疫、免疫、扑杀病畜”相结合的综合性防治措施，进入了马传贫稳定控制考核验收阶段。2000年以来，为坚持“预防为主”方针，继续采取监测、检疫、扑杀病马和阳性马等综合防治措施，在全国范围内加快了消灭马传贫步伐。

二、我国EIA流行现状

20世纪50年代末，马传贫由国外传入我国，并引起大范围渐进式暴发流行，给我国养马业带来了严重的经济损失。半个世纪以来，国家对马传贫的防控工作非常重视，经过几代人的辛勤努力，全国22个养马省（自治区、直辖市）中已有19个省先后达到部颁马传贫消灭标准。

全国有22个省（自治区、直辖市）为马传贫原疫区（即北京、天津、河北、山西、内蒙古、辽宁、吉林、黑龙江、陕西、甘肃、青海、宁夏、新疆、山东、安徽、江苏、河南、四川、广东、广西、云南、贵州）。9个省（自治区、直辖市）为马传贫原非疫区（即湖北、湖南、浙江、上海、福建、江西、海南、西藏、重庆）。

截至目前，在22个马传贫原疫区省（自治区、直辖市）中，已有19个原疫区省（自治区、直辖市）先后通过农业部考核验收，达到了马传贫消灭标准；有内蒙古、新疆、云南及新疆生产建设兵团未经农业部考核验收。9个马传贫原非疫区省（自治区、直辖市）仍保持无马传贫疫情。

1965年，农业部制定了我国第一个《马传贫防治试行规程》。1978年，农业部修订印发了《马传贫防治试行办法》和《马传贫弱毒疫苗预防注射操作技术》。1989年，农业部印发了《马传贫防治效果考核标准》。2001年，农业部以农牧发〔2001〕45号文颁布了《消灭马传贫考核标准和验收办法》。2002年，农业部制定下发了《马传贫防治技术规范》；2007年，《马传贫防治技术规范》又重新进行了修订并执行。农业部于1991—1995年、1996—2000年、2001—2005年印发了3个五年《全国马传贫防治规划》。因此，马传贫防控工作走上了制度化、科学化和规范化道路。

目前，除一些省份依然有个别病例出现，全国范围内基本保持无疫情状态。《国家中长期动物疫病防治规划（2012—2020年）》的一项重要任务之一就是在2020年全国达到消灭马传贫目标。为实现此目标，需根据《全国消灭马传贫工作实施方案》，认真布置和落实相关工作。

参考文献

COGGINS L.1984. Carriers of equine infectious anemia virus[J]. JAVMA(184): 279－281.

FOIL L D. 1983. A mark-recapture method for measuring effects of spatial separation of horses on tabanid (Diptera) movement between hosts[J]. J. Med. Entomology(20): 301－305.

FOIL L, STAG E D, ADAMS W V et al. 1985. Observations of tabanid feeding on mares and foals[J].Am. J.Vet.Res(46): 1111－1113.

HAWKINS J A, ADAMS W V, COOK L, et al.1973. Role of horse fly (Tabanus fuscicostatus Hine) and stable fly (Stomoxys calcitrans L.) in transmission of equine infectious anemia to ponies in Louisiana[J].Am.J.Vet.Res(34): 1583－1586.

HAWKINS J A, ADAMS W V, WILSON B H, et al.1976. Transmission of equine infectious anemia virus by Tabanus fuscicostatus[J]. JAVMA(168): 63－64.

HENSON J B, GORHAM J R, KOBAYASHI K, et al.1969. Immunity in equine infectious anemia[J]. JAVMA (155): 336－343.

ISSEL C J, ADAMS W V, MEEK L, et al.1982. Transmission of equine infectious anemia virus from horses without clinical signs of disease[J]. JAVMA(180): 272－275.

ISSEL C J, FOIL L J D.1984. Studies on equine infectious anemia virus transmission by insects[J]. JAVMA (184): 293–297.

KEMEN M J, COGGINS L. 1972. Equine Infectious Anemia: Transmission From Infected Mares To Foals[J]. JAVMA(161): 496–499.

SHEPPARD C, WILSON B H. 1976. Flight range of Tabanidae in a Louisiana bottomland hardwood forest[J]. Environmental Entomology(5): 752–754.

第四章

临床症状及病理变化

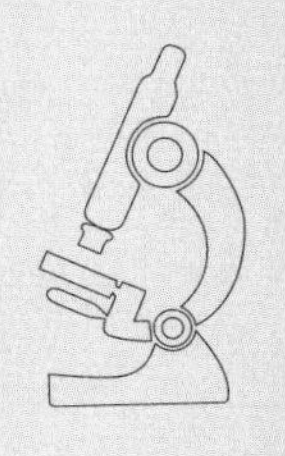

第一节 临床症状

EIAV在自然条件下仅可以感染马属动物（马、骡、驴），很少有感染其他动物的报道。自然感染潜伏期一般为20～40d，人工感染平均为10～30d。马传染性贫血的特征性症状是发热、贫血、黄疸、出血、水肿和反复发作。患马临床症状表现不尽相同，患马可能高热稽留至死亡，也可能于发热几天至3周后体温恢复正常，随后以不同的间隔反复发热。有的病马于某次热发作期中死亡，有的患马在一次或几次热发作后不再发热，并在临床上维持正常状态达数月或数年之久，于发热期出现贫血、出血等症状和全身状况恶化，并且随发热时间的延长而加剧。

临床上一般常将马传贫患畜分为急性、亚急性、慢性及隐性型四个类型。

一、一般症状

EIA发病马主要表现为以下症状。

1. 发热　发热类型有稽留热、间歇热和不规则热。稽留热表现为体温升高至40℃以上，稽留3～5d，有时达10d以上，直到死亡。间歇热表现有热期与无热期交替出现，多见于亚急性及部分慢性病例。慢性病例以不规则热为主，常有上午体温高、下午体温低的逆温差现象。

2. 贫血、出血和黄疸　发热初期，可视黏膜潮红，随着病情加重，表现为苍白或黄染。在眼结膜、舌底面、口腔、鼻腔、阴道等黏膜等处，常见鲜红色或暗红色出血点（斑），新鲜的出血点呈鲜红色，陈旧的呈暗红色，以后逐渐消失，但可于再度发热时重新出现。

3. 心机能紊乱 心搏亢进，节律不齐，心音混浊或分裂，缩期杂音，脉搏增数，可达60～100次/min或以上。

4. 浮肿 由于患畜全身静脉淤血、毛细血管壁通透性增强、血浆蛋白减少及血浆胶体渗透压降低等，导致血液中液体成分漏出于血管外而发生浮肿。常在四肢下端、胸前、腹下、包皮、阴囊、乳房等处出现无热、无痛的浮肿。

5. 全身症状 患畜精神委顿，低头垂耳、食欲减退、日渐消瘦，易于疲劳，轻度使役即见出汗。疾病后期由于患畜肌肉变性，坐骨神经受到损害而表现后躯无力，行走左右摆动，步态不稳，后退及急转弯困难，尾力减退或消失。个别重症病例则出现血汗或神经症状。

6. 血象变化 红细胞显著减少，血红蛋白降低，血沉加速。白细胞减少，丙种球蛋白增高，外周血液中出现吞铁细胞。吞铁细胞大多出现于发热期及退热后头几天内。吞铁细胞的出现曾是马传染性贫血诊断的重要依据，但它并不是特异性指标，吞铁细胞还可出现于锥虫感染（病）等多种疾病，健康驴血液中吞铁细胞的检出率本身就相当高。在发热期，嗜酸粒细胞减少或消失，退热后，淋巴细胞增多。血液学检查见红细胞在发热过程中渐进性减少，发热后期或反复发热后，红细胞数可减少至5×10^6个/mm^3以下。血沉显著加快，头15min血沉达60刻度以上。发热中后期，白细胞数减少至4 000～5 000个/mm^3，而淋巴细胞数相对增多，成年患畜可达50%以上，中性粒细胞相对减少至20%左右，核细胞稍有增多。

二、临床分型

根据临诊表现，可分为急性、亚急性、慢性和隐性四种病型。

1. 急性型　多见于新疫区流行初期，在感染病毒后15d左右，病程较短，由3～5d至2周，有极少数病例可延长至1个月。病马主要呈高热稽留，或经短暂间歇重新发热，一直稽留到病死，出现高水平的病毒血症，血小板减少，病死率高。

2. 亚急性型　多见于流行中期，病程比急性型长，为1～2个月。特征为反复发作的间歇热，有的还出现逆温差现象。临床症状及血液学变化有规律地随体温的升降而变化。其中某些患畜频繁发热，有热期较长，而无热期较短，多迅速趋向死亡。另一些患畜的发热次数逐渐减少，无热期越来越长，有热期越来越短，则可能转化为慢性型。

3. 慢性型　常见于老疫区，病程较长，可达数月或数年，其特点与亚急性型基本相似，呈现反复发作的间歇热或不规则热，但发热期短，体温上升不高，无热期长，逆温差现象更为明显。有热期的临床症状及血液学变化均较亚急性型轻微。某些无热期甚长的慢性患畜的临床症状很不明显，甚至无法辨认。

4. 隐性型　多是急性型病马在一年后转为隐性感染，很少发热，但感染马一生中血清学反应检测一直为阳性。动物无任何可见临床症状，而体内却长期带毒，通过RT-PCR可检测到病毒和前病毒序列，且疾病呈进行性，大多数动物以死亡转归。这种患畜在某些不良因素（其他病毒感染、过劳、应激反应等）作用下，可能转化为有临床症状的类型。

上述各种类型只是一种人为的划分，而实际上马传贫的临床表现极其复杂而多样，病情常常随着环境的变化和机体抵抗力的增强或减弱而相互转化。既可由急性转化为亚急性、慢性及隐性，又可由隐性、慢性转化为亚急性，甚至急性而迅速死亡（图4-1）。

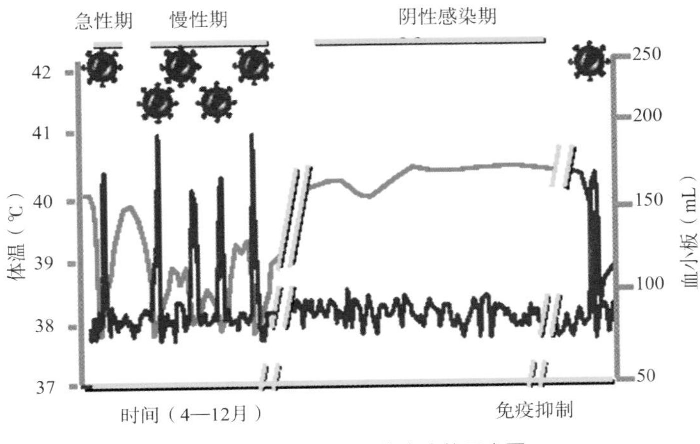

图 4-1　马传贫感染马临床症状示意图

病理变化

马传贫急性型、亚急性型和慢性型的病变各不相同，其病变分述如下。

一、急性型

病变主要表现为贫血、出血、骨髓组织严重损伤和败血症。

剖检见尸僵不全，血液稀薄，可视黏膜苍白、黄染，四肢和胸腹等部位皮下水肿，体腔积液。在眼结膜、瞬膜、鼻黏膜、唇及舌尖带两侧常见出血点，肛门和阴道黏膜也常见出血点或出血斑。肠浆膜、肠系膜、心外膜和心内膜、淋巴结及其他器官浆膜均可见出血点或出血斑。

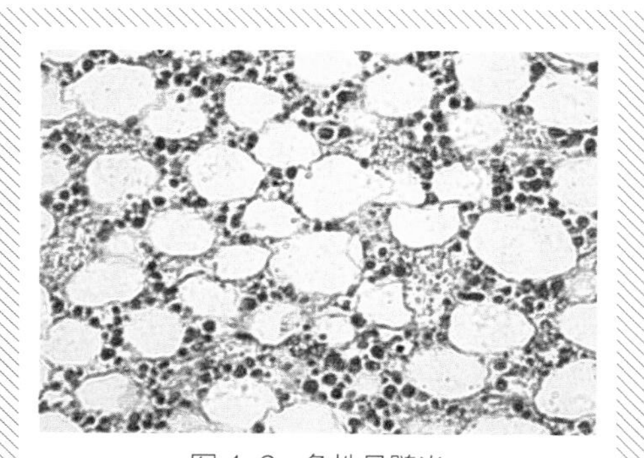

图 4-2 急性骨髓炎

骨髓各系细胞明显坏死崩解，细胞密度显著降低。HE×100

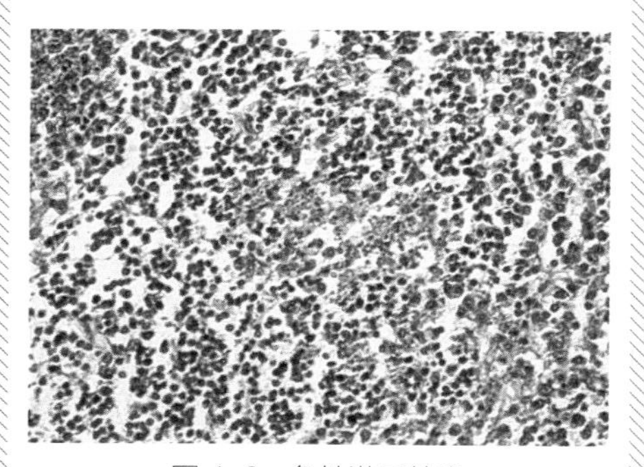

图 4-3 急性淋巴结炎

淋巴小结的淋巴细胞坏死，细胞数量减少，生发中心不明显。HE×400

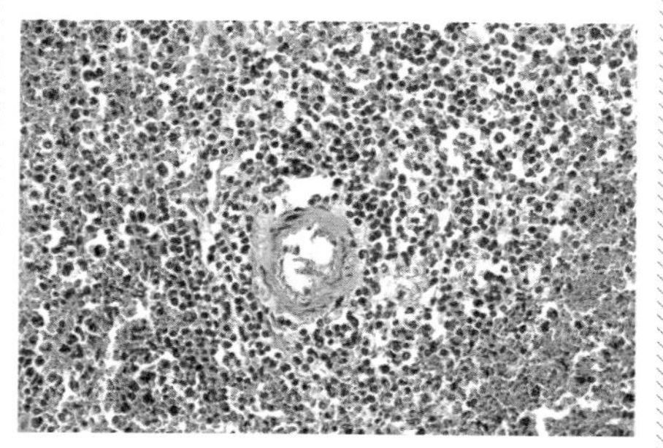

图 4-4 急性脾炎

白髓大部分淋巴细胞坏死崩解，白髓体积变小，红髓血量明显增多。HE×200

骨髓：眼观，骨髓污红、稀软。镜检，见骨髓细胞密度降低，红细胞系、粒细胞系、单核细胞系和巨核细胞系的细胞均出现明显的坏死、崩解（图4－2）。其中，中晚幼细胞损伤严重、减少多，而发育早期的幼稚细胞损伤较轻。

脾脏：眼观，脾脏高度肿大，质地柔软，表面密布出血点，切面含血量多，白髓减少。镜检，见红髓中充满大量红细胞，而淋巴细胞、网状细胞、巨噬细胞及吞铁细胞减少，白髓体积缩小甚至消失，大部分淋巴细胞已坏死、崩解和消失（图4－4）。被膜和小梁中的平滑肌细胞和结缔组织变性、坏死，其结构变疏松。

淋巴结：呈全身性急性淋巴结炎，其中腹腔淋巴结炎症最明显，胸腔淋巴结病变次之，而体表淋巴结病变较轻。眼观，淋巴结呈不同程度的肿大，灰白色或暗红色，质软，切面湿润多汁。镜检，淋巴小结的淋巴细胞发生明显的坏死、崩解和消失，生发中心不明显（图4-3）。严重时，淋巴结各区域发生弥漫性坏死，淋巴组织失去固有形象。同时，见淋巴结明显出血、水肿，以及巨噬细胞吞噬红细胞和变性坏死淋巴细胞的现象。

肝脏：眼观，肝脏肿大较明显，表面和切面形成灰黄色和暗红色的纹理，呈“槟榔肝”形象。镜检，见中央静脉及其周围的窦状隙充血，窦壁细胞活化、增生，并见吞噬红细胞或含铁血黄素颗粒，普鲁蓝染色呈蓝色，即铁反应阳性（图4–5、图4–6）。肝细胞变性，严重时坏死、溶解。在汇管区常见淋巴细胞巨噬细胞浸润和增生。

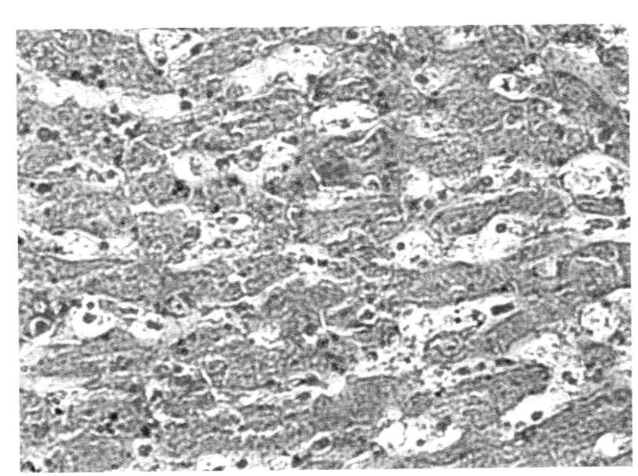

图 4-5　急性型肝脏变化

肝脏窦壁细胞活化增生，胞浆含有含铁血黄素颗粒（棕黄色颗粒）。HE × 400

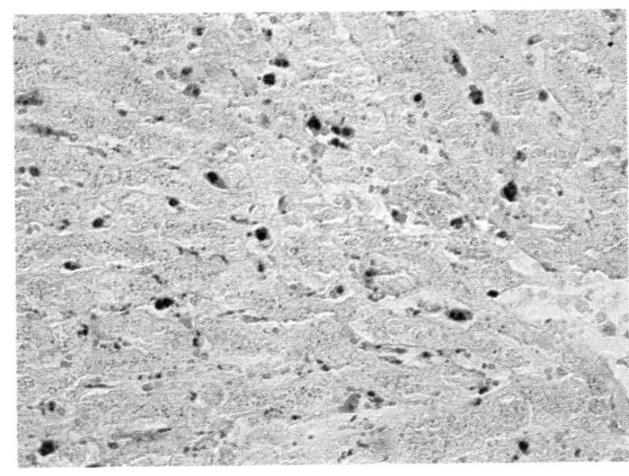

图 4-6　急性型肝脏变化

肝脏窦壁细胞活化增生，胞浆内含铁血黄素呈蓝染颗粒（普鲁氏蓝染色，×400）

肾脏：眼观，肿大，色泽苍白，质度较软，表面散在多量出血点，切面见皮髓部、肾盂黏膜有许多出血点。镜检，见有的肾小球充血，球囊内有蛋白物质和红细胞渗出，有的肾小球毛细血管基底膜增厚或透明血栓形成；肾小管上皮细胞变性、坏死，在皮质部上皮细胞坏死崩解尤为明显，严重时仅留细胞残迹和肾小管基底膜，管腔内常见均质、红染的物质，有时形成尿管型。髓质部瘀血、出血，在弓形静脉中可出现坏死脱落的肾小管上皮细胞，间质小动脉周围有淋巴细胞浸润和增生（图4–7）。

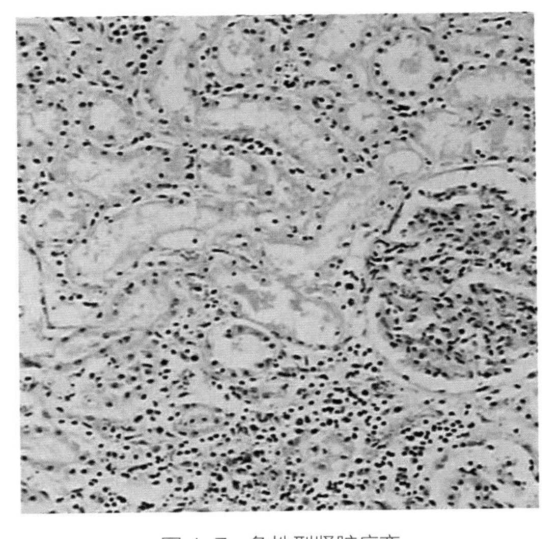

图 4-7　急性型肾脏病变

肾小管上皮细胞变性、坏死，间质淋巴细胞渗出、增生。HE × 100

心脏：眼观，心外膜和心内膜有出血点，心肌呈灰红色或灰黄色，质软脆弱，其中可见出血点。镜检，心肌细胞普遍发生变性，有些区域心肌细胞坏死、断裂、溶解；肌间瘀血、水肿、出血，一些小动脉周围有淋巴细胞浸润。

肺脏：眼观，表面常见多量大小不等的出血点，切面湿润，在支气管内有灰白色泡沫状液体。镜检，肺泡壁毛细血管扩张充血，肺泡内浆液渗出；间质细支气管和小血管周围淋巴细胞浸润和增生。有时，支气管上皮细胞变性、坏死、脱落，管腔变狭窄。

神经组织：主要表现为急性脉络丛炎，以及轻度的脑膜脑炎和室管膜炎。眼观，可见软脑膜充血，脑脊液增多，少数病例在脑膜及脑实质有出血点。镜检，见神经细胞变性，甚至坏死溶解，胶质细胞增生，并出现卫星现象和噬神经元现象。坐骨神经变性肿胀，以及髓鞘脱失。

肾上腺：眼观，表面可见出血点，切面混浊，灰黄色。镜检，皮髓部各层细胞均变性肿大，严重时出现坏死，在被膜下和间质中常有散在或小灶状淋巴细胞浸润。

垂体：见不同程度的水肿、变性和坏死，其间常有淋巴细胞浸润和增生。

胰腺：可见不同程度的水肿和细胞变性。

胸腺：见水肿、出血和实质萎缩。镜检，见胸腺细胞坏死，小叶结构紊乱。

睾丸：精细管上皮细胞、各级精细胞及支持细胞变性。间质水肿、出血。

消化道：病变轻微，有时可见胃肠黏膜上皮变性脱落，有的病例可见肌层有出血灶。

二、亚急性型

病变以高度贫血、淋巴细胞和巨噬细胞系统的损伤和增生性变化为特征。

剖检见尸体消瘦，皮下脂肪萎缩，血液稀薄，可视黏膜苍白、黄染，多数黏膜、浆膜和各脏器均可见不同程度的出血。

骨髓：眼观，红骨髓较明显。镜检，骨髓细胞的变性和坏死较多，同时出现淋巴细胞、单核细胞的明显增生现象，其细胞密度较急性型升高（图4-8）。

脾脏：眼观，脾脏肿大、质度较硬、切面含血量少，白髓明显。镜检，见白髓原有淋巴细胞坏死，同时出现淋巴细胞的明显增生（图4-9）。红髓中也见淋巴细胞和一定数量浆细胞的散在增生。此外，也可见巨噬细胞一定程度的增生。

淋巴结：眼观，全身淋巴结明显肿大，其中以腹腔淋巴结和前纵隔淋巴结肿最明显。淋巴结的质度硬实，切面灰白色，皮髓界线不明显，并见颗粒状隆起。镜检，见淋巴小结淋巴细胞坏死，同时见淋巴细胞的明显增生，使淋巴小结增大、增多，副皮质区和髓索增宽，也可见一定数量的浆细胞和巨噬细胞增生（图4-10）。

肾脏：眼观，肿大呈土黄色。镜检，肾小球毛细血管基底膜增厚，内皮细胞和系膜细胞增生，肾小球体积增大，肾球囊狭窄。肾小管上皮细胞变性，间质淋巴细胞浸润和增生，尤其在小动脉周围明显。

其他器官的变质性变化与急性型类似或稍轻，而淋巴细胞和巨噬细胞的增生较明显。

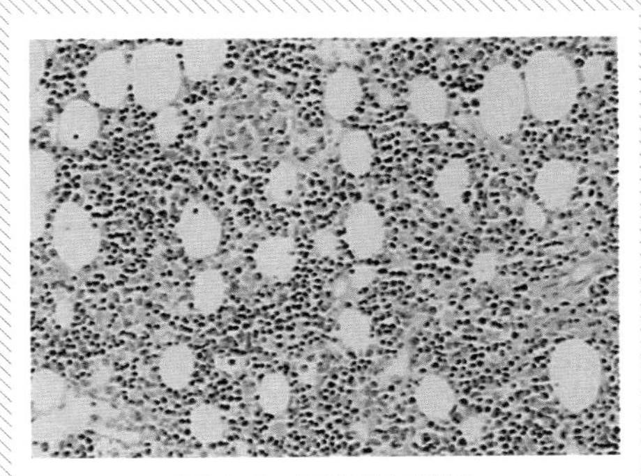

图4-8 亚急性骨髓炎

部分骨髓细胞坏死崩解，部分骨髓细胞分裂增殖，细胞密度升高。HE×100

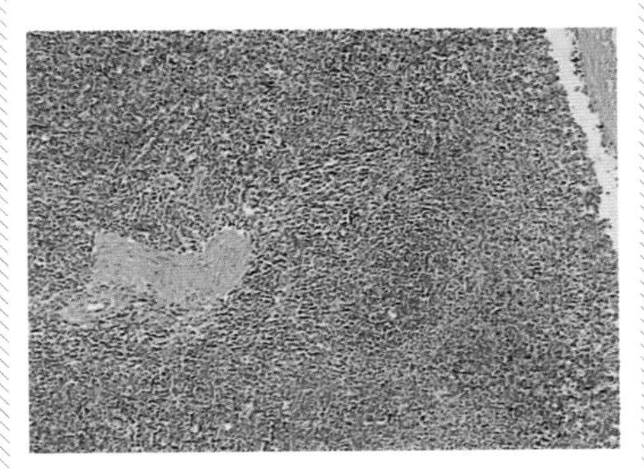

图4-9 亚急性脾炎

白髓少部分淋巴细胞坏死崩解，淋巴细胞增生较明显，白髓体积增大。HE×100

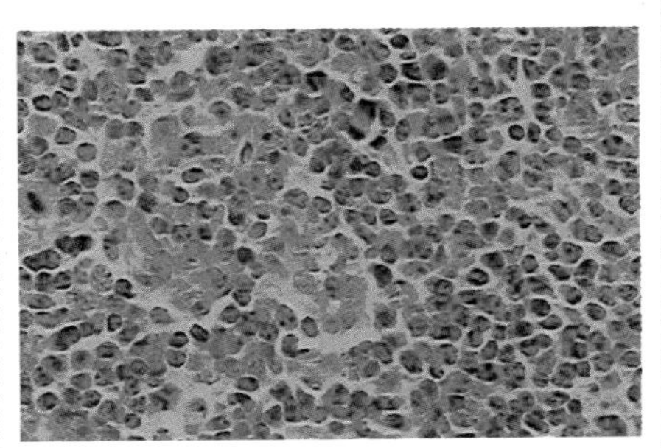

图4-10 亚急性淋巴结炎

淋巴小结少部分淋巴细胞坏死，淋巴细胞增生较明显，生发中心扩大。HE×400

三、慢性型

病变以组织器官萎缩、贫血、淋巴细胞和巨噬细胞等明显增生为特征。

剖检见尸体消瘦，血液稀薄，可视黏膜黄染，浆膜腔积液，部分黏膜、浆膜有少量出血点。

骨髓：眼观，红骨髓明显。镜检，见红细胞系、粒细胞系、单核细胞系和巨核细胞系的细胞出现明显的再生过程，骨髓细胞增多，细胞密度升高（图4–11）。其中，幼稚细胞增多明显，发育后期的较成熟的各系细胞均偏少。

脾脏：眼观，脾脏轻度肿大，质度硬实，切面白髓明显。镜检，见中央动脉周围和红髓中淋巴细胞大量增生，形成淋巴细胞集团和新的淋巴小结，使白髓区扩大，而红髓区缩小，红白髓区界线不清。巨噬细胞活化增生，吞铁细胞较少（图4–12）。

淋巴结：眼观，淋巴结肿大，灰白色，质度硬，切面皮质和髓质界线不明显。镜检，见皮质、髓质淋巴细胞大量增生，淋巴小结增大，生

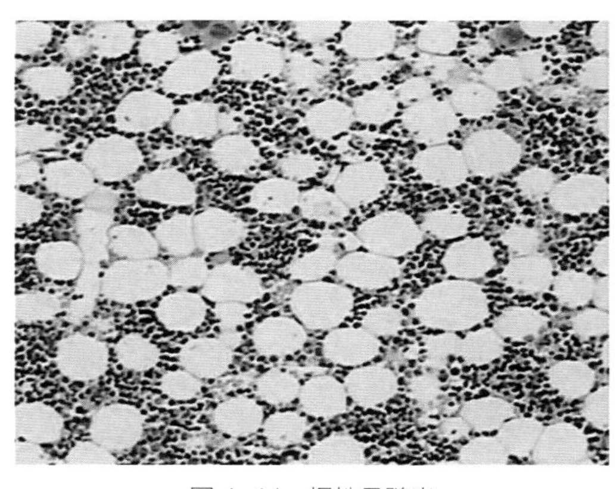

图4–11 慢性骨髓炎

骨髓各系细胞明显增生，细胞密度显著升高。HE×100

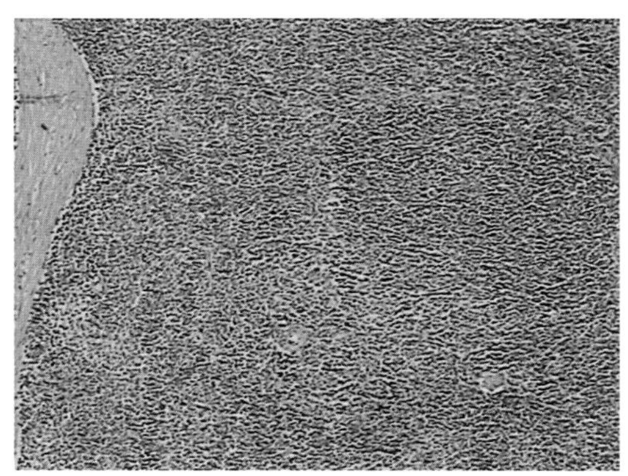

图4–12 慢性脾炎

白髓淋巴细胞显著增生，白髓体积变大，并相互融合。HE×100

发中心明显，髓索增宽，在增生的细胞中浆细胞的数量明显增多（图4–13）。同时，也见淋巴细胞轻度的变性和坏死。

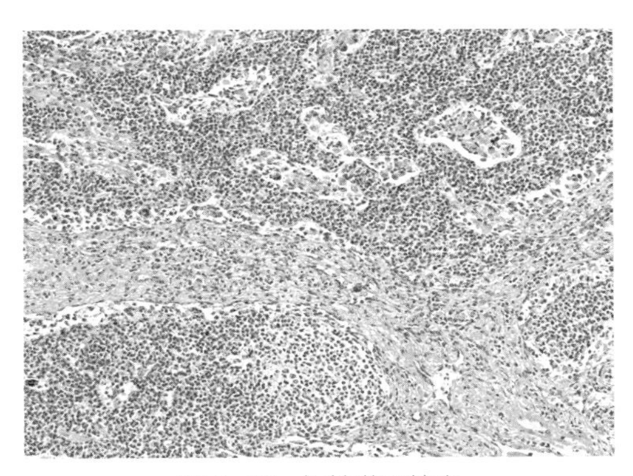

图 4-13　慢性淋巴结炎
淋巴小结和髓索淋巴细胞明显增生，淋巴小结增大，髓索增宽。HE × 100

肝脏：眼观，稍肿大或不肿大，暗红褐色，有些病例表面和切面肝小叶周边呈灰白色网格状（格子肝）。镜检，肝小叶中央静脉呈不同程度瘀血，其附近的肝细胞萎缩，边缘部肝细胞变性。窦壁细胞活化、增生和脱落，窦状隙内出现较多吞铁细胞和淋巴样细胞，这些细胞多时甚至密集成团，形成“窝状集团”。汇管区内见大量淋巴细胞的浸润和增生。

心脏：眼观，心脏扩张，冠状沟和纵沟脂肪萎缩，在心内外膜和心肌切面可见形态不一的灰白色斑纹。镜检，见心肌间和小动脉周围见淋巴细胞浸润和增生，有时见心肌纤维被胶原纤维取代而发生纤维化。

肾脏：眼观病变不明显。镜检，部分肾小球毛细血管内皮细胞和系膜细胞增生，毛细血管基底膜增厚，肾小球体积增大而球囊狭窄或闭塞。部分肾小球被结缔组织取代发生纤维化，其相应肾小管萎缩，甚至被结缔组织取代使肾单位发生纤维化。还有一些肾小球和肾小管发生代偿性肥大。间质淋巴细胞和结缔组织增生。

睾丸、肾上腺、垂体等组织器官：睾丸、肾上腺、垂体等组织器官间质多出现不同程度的淋巴细胞浸润和增生，损伤病变轻微。

消化道：一般变化不明显。

参考文献

中国农业科学院哈尔滨兽医研究所 .2008. 动物传染病学 [M]. 北京：中国农业出版社 .

AKIYAMA Y, et al. 1967. Equine infectious anemia occurring in Hokkaido, Japan--its histopathology and a critical view of the occurrence and diagnosis of this disease[J]. Natl Inst Anim Health Q (Tokyo), 7(2): 95–106.

ANGEL KL, et al. 1991. Myelophthisic pancytopenia in a pony mare[J]. Am Vet Med Assoc, 198(6): 1039–1042.

BOLFA P, et al. 2013. Interstitial lung disease associated with Equine Infectious Anemia Virus infection in horses[J]. Vet Res, 44: 113.

CLABOUGH D J, et al. 1991.Immune-mediated thrombocytopenia in horses infected with equine infectious anemia virus[J]. J Virol, 65(11): 6242–6251.

COGGINS L. 1975. Mechanism of viral persistence in equine infectious anemia[J]. Cornell Vet, 65(2): 143–151.

COOK R F, LEROUX C, ISSEL C J. 2013.Eqnine infectious anemia and equine infectious anemia virus in 2013: a review[J]. Vet Microbiol, 167(1–2): 181–204.

COSTA L R, et al. 1997. Tumor necrosis factor-alpha production and disease severity after immunization with enriched major core protein (p26) and/or infection with equine infectious anemia virus[J]. Vet Immunol Immunopathol, 57(1–2): 33–47.

CRAIGO J K, et al. 2010.Divergence, not diversity of an attenuated equine lentivirus vaccine strain correlates with protection from disease[J]. Vaccine, 28(51): 8095–8104.

DARCEL C. 1996.Lymphoid leukosis viruses, their recognition as ‘persistent’ viruses and comparisons with certain other retroviruses of veterinary importance[J]. Vet Res Commun, 20(1): 83–108.

DOBIN M A, EPSCHTEIN J F. 1968. Myocardium infarct in horses with infectious anemia[J]. Monatsh Veterinarmed, 23(16): 627–630.

GAO X, et al.2013. Reverse mutation of the virulence-associated S2 gene does not cause an attenuated equine infectious anemia virus strain to revert to pathogenicity[J]. Virology, 443(2): 321–328.

GINDIN A P. 1945. Adsorptive function of the reticulo-endothelial system in virus infections (infectious encephalomyelitis and infectious anemia in horses)[J]. Biull Eksp Biol Med[J], 20(9): 12–15.

GORET P,TOMA B. 1970. Animal viral anemia: equine infectious anemia[J]. Pathol Biol (Paris),

18(21): 985–995.

HENSON J B, MCGUIRE T C. 1971. Immunopathology of equine infectious anemia[J]. Am J Clin Pathol, 56(3): 306–313.

HENSON J B, MCGUIRE T C. 1974. Equine infectious anemia[J]. Prog Med Virol, 18(0): 143–159.

ISHII S., ISHITANI R. 1975.Equine infectious anemia[J]. Adv Vet Sci Comp Med, 19: 195–222.

ISSEL C J, et al. 1982. Transmission of equine infectious anemia virus from horses without clinical signs of disease[J]. J Am Vet Med Assoc, 180(3): 272–275.

JELEV V, ENTCHEV S. 1975. Morphology and the morphological diagnosis of equine infectious anemia[J]. Vet Med Nauki, 12(3): 140–142.

KONNO S. 1971. Morphological studies on the spleen punctate in equine infectious anemia[J]. Jpn J Vet Res, 8: Suppl 1: 1–46.

KONNO S, YAMAMOTO H. 1970.Pathology of equine infectious anemia. Proposed classification of pathological types of disease[J]. Cornell Vet, 60(3): 393–449.

KONO, Y. 1973. Equine infectious anemia--recent researches and prospect of the study (author's transl[J]). Uirusu, 23(1): 1–12.

LEWIS R M. 1974. Spontaneous autoimmune diseases of domestic animals[J]. Int Rev Exp Pathol, 13(0): 55–82.

LIN Y Z, et al. 2011. An attenuated EIAV vaccine strain induces significantly different immune responses from its pathogenic parental strain although with similar in vivo replication pattern[J]. Antiviral Res, 92(2): 292–304.

MANOLESCO N, et al. 1978. Cytomorphological aspects of the blood experimentally induced with inoculation of equine infectious anemia virus[J]. Med Interne, 16(2):
175–181.

MCCONELL S, et al. 1982. Equine lymphosarcoma diagnosed as equine infectious anaemia in a young horse[J]. Equine Vet J, 14(2): 160–162.

MCGUIRE T C, CRAWFORD J B, HENSON J B. 1971. Immunofluorescent localization of equine infectious anemia virus in tissue[J]. Am J Pathol, 62(2): 283–294.

MCILWRAITH C W, KITCHEN D N. 1978.Neurologic signs and neuropathology associated with a case of equine infectious anemia[J]. Cornell Vet, 68(2): 238–249.

MOORE R W, et al. 1970. Growth of the equine infectious anemia virus in a continuous-passage horse leukocyte culture[J]. Am J Vet Res, 31(9): 1569–1575.

MURAKAMI K, et al. 2012. Detection of equine infectious anaemia virus in native Japanese ponies[J]. Vet Rec, 171(3): 72.

NARAYAN O. 1989. Immunopathology of lentiviral infections in ungulate animals[J]. Curr Opin

Immunol, 2(3): 399–402.

OAKS J L, LONG M T, BASZLER T V. 2004.Leukoencephalitis associated with selective viral replication in the brain of a pony with experimental chronic equine infectious anemia virus infection[J]. Vet Pathol, 41(5): 527–532.

OXER D T. 1965.Equine Infectious Anaemia in Two Groups of Horses[J]. Ii. Aust Vet J, 41: 1–4.

ROSSDALE P D, et al. 1975.A case of equine infectious anaemia in Newmarket[J]. Vet Rec, 97(11): 207–208.

RUSSELL K E, et al. 1999. Platelets from thrombocytopenic ponies acutely infected with equine infectious anemia virus are activated in vivo and hypofunctional[J]. Virology, 259(1): 7–19.

SELLON D C, FULLER F J, MCGUIRE T C. 1994. The immunopathogenesis of equine infectious anemia virus[J]. Virus Res, 32(2): 111–138.

SLAUSON D O, LEWIS R M. 1979. Comparative pathology of glomerulonephritis in animals[J]. Vet Pathol, 16(2): 135–164.

SONODA M. 1971.Electron microscopy of neutrophils in peripheral blood in equine infectious anemia[J]. Nihon Juigaku Zasshi, 33(4): 195–198.

SQUIRE R A. 1968. Equine infectious anemia: a model of immunoproliferative disease[J]. Blood, 32(1): 157–169.

SQUIER T A, MONTALI R J, BUSH M. 1969. Pathogenetic aspects of equine infectious anemia[J]. J Am Vet Med Assoc, 155(2): 355–358.

SWARDSON C J, et al.1997. Infection of bone marrow macrophages by equine infectious anemia virus[J]. Am J Vet Res, 58(12): 1402–1407.

TAJIMA M, NAKAJIMA H, ITO Y. 1969.Electron microscopy of equine infectious anemia virus[J]. J Virol, 4(4): 521–527.

TEKERLEKOV P, et al. 1978. Diagnosis of infectious anemia in horses using the Coggins test[J]. Vet Med Nauki, 15(3): 19–25.

TORNQUIST S J. CRAWFORD T B. 1997.Suppression of megakaryocyte colony growth by plasma from foals infected with equine infectious anemia virus[J]. Blood, 90(6): 2357–2363.

TORNQUIST S J, OAKS J L, CRAWFORD T B. 1997. Elevation of cytokines associated with the thrombocytopenia of equine infectious anaemia[J]. J Gen Virol, 78: 2541–2548.

USHIMI C. et al. 1969.Behavior of antibody-producing cells and their related cells in equine infectious anemia[J]. Natl Inst Anim Health Q (Tokyo), 9(3): 165–173.

WARDROP K J, et al.1996.A morphometric study of bone marrow megakaryocytes in foals infected with equine infectious anemia virus[J]. Vet Pathol, 33(2): 222–227.

WEILAND F, MATHEKA H D. 1984.Cytoplasmic inclusions in cells infected with the virus of equine infectious anemia (EIAV) [J]. Eur J Cell Biol, 33(2): 294–299.

YAMAMOTO H. 1968. Pathological studies on bone marrow in equine infectious anemia. 3. Cytlogical findings of bone marrow aspirates[J]. Natl Inst Anim Health Q (Tokyo), 8(4): 217–226.

YAMAMOTO H, et al. 1972. Relationship between histopathological and serological findings in field cases of equine infectious anemia[J]. Natl Inst Anim Health Q (Tokyo), 12(4): 193–200.

YAMAMOTO H, KONNO S. 1967.Pathological studies on bone marrow in equine infectious anemia. Ⅰ. Macroscopical findings on whole longitudinal sections of bone marrow[J]. Natl Inst Anim Health Q (Tokyo), 7(1): 40–53.

YAMAMOTO H, KONNO S. 1967. Pathological studies on bone marrow in equine infectious anemia.Ⅱ. Histopathology of vertebral, sternal and femoral bone marrow[J]. Natl Inst Anim Health Q (Tokyo), 7(2): 84–94.

YOSHINO T, YAMAMOTO H. 1971. Electron microscopy of small lymphoid cells in the chronic type of equine infectious anemia[J]. Natl Inst Anim Health Q (Tokyo), 11(1): 21–40.

YOSHINO T, YAMAMOTO H. 1982. Ultrastructure of proliferative lesions in bone marrow in equine infectious anemia[J]. Nihon Juigaku Zasshi, 44(4): 629–644.

YOSHINO T, YAMAMOTO H, OKANIWA A. 1970. Fine structure of basophilic round cells of the spleen and lymph node in equine infectious anemia[J]. Natl Inst Anim Health Q (Tokyo), 10(1): 11–25.

第五章

诊　　断

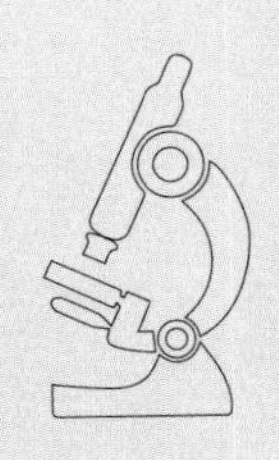

我国自20世纪50年代发生马传贫至今已有六十几年，在诊断学方面经历了从宏观观察到微观认证，从请苏联专家帮助定性到自己可以定性并能进行大规模的检疫工作，广大兽医工作者做了大量的研究工作，建立了多种诊断方法，包括临床诊断、实验室诊断及鉴别诊断等。在马传贫发生初期的大规模检疫中，主要采用临床综合诊断方法。20世纪60年代末，特异性较高的血清学诊断方法、补体结合试验和琼脂凝胶免疫扩散试验才得以应用。随着分子生物学的快速发展，敏感性更高的PCR方法建立并应用。

1965年农业部组织全国专家学者开始制定全国检疫规程。1966年3月15日，农业部颁发了我国防治马传贫的第一个全国统一规程《马传染性贫血病检疫试行规程》。随后又下发了各种诊断技术操作规程，包括《马传染性贫血临床综合诊断技术》《马传染性贫血病琼脂扩散反应操作方法》《马传染性贫血病补体结合反应操作方法》等文件。这些规程的出台加快了马传贫检疫工作的开展。从此在全国大面积推广使用以血清学为主，临床诊断为辅的方法进行马传贫判定检疫。

马传贫诊断方法很多，各有所长也各有所短，正确应用任何一种方法呈现阳性，都可以判定为马传贫病畜，但综合应用可提高检出率。

第一节 临床诊断

在特异性血清学方法建立之前，EIA是根据流行病学调查、临床症状、血液学变化和病理学方法进行综合诊断的。这些方法都是非特异的，不能根据其中一种方法的结果来判定。必须将多种方法的结果进行综合分析才能确诊。

不明原因的发热，抗生素治疗无效，可视黏膜出血、苍白和黄疸，体表淋巴结肿大，腹下和四肢水肿是EIA的特征性症状。血液学检查可见血沉加快至15min以上，红细胞减少，血液中出现吞铁细胞。近几年发现EIA病马普遍存在血小板减少症。EIA最明显的病理变化是脾和淋巴结肿大、实质脏器广泛出血、槟榔肝、枯否细胞增生并含有含铁血黄素、肾脏可见肾小球肾炎。

马传贫多发生于夏秋两季，新疫区多呈现急性经过，老疫区主要是亚急性和慢性经过。马传染性贫血患畜一般分为急性、亚急性、慢性及隐性四个类型。各个类型传贫马表现出不同的临床特点和病理变化。

一、急性型

病程通常为2～4周，死亡率70%～80%。病畜体温突然升高至39～41℃或以上，一般稽留8～15d，有的出现短时间的降温，然后骤升至40～41℃或以上，抑制稽留至死亡。临床症状及血液学变化明显。在浆膜、黏膜上有较多的新鲜出血点或出血斑，有的甚至呈密发状或喷洒状。皮下组织、疏松结缔组织常见不同的胶样水肿。脾脏显著肿大，脾滤泡境界不清、柔软脆弱。肝脏表现肿大，肝小叶纹理不清，混浊脆弱。全身淋巴结肿大、出血，肾脏表面有散在出血点、混浊、固有结构纹理不清等变化。

二、亚急性型

病程较长，1～2个月。主要呈现反复发作的间歇热，温差倒转现象较多。通常是反复发作4～5次，体温上升至39.5～40.5℃，一般持续4～6d，而后多经5～18d复发，临床症状及血液学指标随体温的变化而规律变化。可视黏膜、肠浆、黏膜，各器官被膜下等可见密发的鲜红、紫红色的出血点和出血斑。脾脏显著肿大，质度较硬，滤泡周围组织肿胀特别明显，呈粗糙的颗粒状隆起。肝脏显著肿大，呈明显肉豆蔻样外观。淋巴结充血肿胀，常伴有出血。

三、慢性型

病程更长，可达数月或数年。呈现反复发作的间歇热或不规则热，但发热程度不高，发热时间段一般为2～3d。无热期长，可持续数周、数月或更长，温差倒转现象更为多见。有热期的临床症状及血液学变化都比亚急性病畜轻，尤其是无热期长的病畜，临床症状更不明显。尸体消瘦，有明显的贫血现象，血液稀薄，出血性素质表现轻微，通常只有少数器官可见有出血点或出血斑。

四、隐性型

有一些病马长期无体温、临床和血液学变化，或者有微弱的变化难以查到，用临床综合诊断很难判定。但体内却长期带毒，只可通过血清学方法诊断或者分子生物学方面进行鉴定和诊断。

第二节 血清学诊断

由于大多数EIA感染马不表现临床症状和病理变化而呈隐性带毒状态，因此用上述方法会得出假阴性结果。但感染马产生的病毒抗体终身存在，这是血清学方法诊断EIAV感染及实施控制措施的基础。

20世纪初证实EIA是病毒性传染病，但由于缺乏增殖病毒的体外培养系统及EIAV易发生抗原漂移，因此直到20世纪70年代初，我国哈尔滨兽医研究所和长春中国人民解放军兽医大学研究成功的马传贫血清学诊断方法，才解决了诊断马传贫的特异性方法。马传贫血清学诊断方法包括补体结合反应、琼脂凝胶免疫扩散试验、血清中和试验、酶联免疫吸附试验，以及蛋白免疫印迹。现在标准化并批准使用的方法有琼脂凝胶免疫扩散试验、酶联免疫吸附试验及蛋白免疫印迹。

一、补体结合反应

可溶性抗原如蛋白质、多糖、类脂、病毒等或者颗粒性抗原与相应抗体结合后，其抗原抗体复合物可以结合补体，但这一反应肉眼不能觉察。如再加入红细胞和溶血素，即可根据是否出现溶血反应来判定反应系统中是否存在相对应的抗原和抗体，此反应即补体结合反应（简称补反）。

我国自1968 年开始研究马传贫补体结合反应方法，哈尔滨兽医研究所等单位研究成功了马传贫中微量补体稀释法诊断技术。在1974 年农林部正式将补反确定为马传贫检疫诊断方法之前，黑龙江省参加了应用试验工作，为补反技术的研究和推广提供了一手数据。补体反应（CF）抗体是群特异性抗原p26激发产生的抗体，其动态有几个显著特点：① 出现早，CF抗体最早在感染后6d病毒血症之前出现，但在感染后2个月即降至很低的水平。② 持续时间长但具有波动性。哈尔滨兽医研究所对2匹人工感染马跟踪检查3～9年，仍可检出CF抗体，只是因抗体水平低、上下波动而时隐时现。因此，它不适合用作病毒感染的诊断试验。③ 在美国进行的研究表明，CF抗体的消长与病毒血症和EIA的发生相平行，由此提出，CF抗体可能是病毒在体内活动或病毒繁殖水平的标志。可哈尔滨兽医研究所和日本Kono的研究表明，CF抗体的出现与第一次热发作明显相关，而与第二次热发作没有明显的相关性。

补体结合反应操作繁杂，且需十分细致，反应的各个因子的量必须有适当的比例，特别是补体和溶血素的用量。例如，抗原抗体呈特异性结合，吸附补体，本应不溶血，但如补体过多，多余部分转向溶血系统，就会发生溶血现象。又如抗原抗体为非特异性，抗原抗体不结合，不吸附补体，补体转向溶血系统，应完全溶血，但如补体过少则不能全溶，从而影响结果判定，故补体量必须适当。溶血素量也有一定影响，例如阴性血清应完全溶血。但若溶血素量少，溶血不全，可被误认为弱阳性。此外，这些因子的用量又与其活性有关。活性强，用量少；活性弱，用量多。故在本试验之前，必须精确测定溶血素效价、溶血系统补体价、溶菌系统补体价等，测定其活性以确定用量。补反与临床综合诊断方法比较，大大提高了检出率，尤其提高了对临床症状不明显的慢性和隐性病马的检出率。但是，由于补反抗体有一定的波动性，所以影响了补反的检出率。实际中每次间隔1 个月，连续进行3次补反检验，可明显提高检出率。1974年，农林部制定了补反诊断规程并将其列为马传贫的检疫方法之一，同时在全国推广应用。补反技术对马传贫防制起到了一定作用，但由于该方法费时费力，随着其他简便易行技术的发展，现在已很少被用于马传贫的诊断中。

二、琼脂凝胶免疫扩散试验（AGID）

我国在马传贫补反推广应用后，哈尔滨兽医研究所和长春中国人民解放军兽医大学进一步研究成功了琼脂凝胶免疫扩散试验（简称琼扩）。琼扩是一种常用的定量检测抗原的方法。国内外一致认为该方法特异性强，抗体持续时间长，检出率高，方法简单易于推广应用。在全国应用的范围、数量和时间都超过了其他方法。应用琼扩方法检出率较高，据对比一次和三次琼扩检出率，结果均高于补反很多。在方法的稳定性方面，琼扩也要远远好于补体反应试验。另外，母马的母源抗体可以通过乳液传给哺乳幼驹。感染母马或接种疫苗母马所产幼驹，在吃母乳前琼扩均为阴性反应，吃母乳后则全部转阳。这种沉淀抗体可持续1～2 个月，少数可持续3～5 个月才消失，以后不再出现。因此，对幼驹的检疫要在出生后6个月后进行。

1. 检验用琼脂板的制备　将配制好1%的琼脂溶液融化后以两层纱布夹薄层脱脂棉过滤，除去不溶性杂质，倒入平板中，制成厚度3～4mm的琼脂糖凝胶板，放于温箱内干燥（或自然干燥），作为马传染性贫血琼脂凝胶免疫扩散试验用平板。待冷却后根据所需形状打孔，反应孔现用现打，制备好的琼脂板不宜在室温下放置过久，尽量缩短操作时间，以免干燥。

2. 抗原　检验用抗原按马传贫琼扩抗原生产制造及检验规程进行生产。制备抗原所用毒株必须是在驴胎皮肤、肺及胸腺二倍体细胞上传代适应且抗原性良好的马传贫弱毒。病毒接种细胞后7d发生病变，接毒后10d即可收毒。将收集的培养液即液相病毒收集在一个容器中后，接毒培养瓶中用少量pH7.4的PBS轻轻冲洗一遍，然后再按50%培养量加入PBS置于低温冰箱冻结保存。将冻存病毒稍加融化后，带冰块用于振荡冲撞，使细胞脱离瓶壁，然后集于灭菌容器中，滴加2%醋酸溶液调pH至5.0，在4℃下静置5～8h，然后4 000转/min离心30min，弃上清，沉淀物用PBS稀释至原体积的1%，放入乳钵中加4～5倍体积的乙醚后研磨，待乙醚挥发后再这样处理一次，经过上述乙醚处理并挥发后，4 000转/min离心20min，上清即无色透明待检抗原。液相病毒由于含毒量较低，可以废弃。每批抗原都要经过无菌检验、效价检验和非特异性检验，才可冻存待用。

3. 血清　检验用标准阳性血清：能与合格抗原在12h内产生明显致密沉淀线的马传贫血清，做8倍以上的稀释仍保持阳性反应者为宜。确定的阳性血清要小量分装，并冻结保存，使用时要注意防止散毒。受检血清：来自受检马且不腐败的血清，勿加防腐剂和抗凝剂。

4. 抗原及血清的添加　打孔完毕，在琼脂板上端写上日期及编号等。在中央孔加抗原，周围孔加检验用标准阳性血清和受检血清。平皿加盖，待孔中液体吸干后，将平皿倒置，以防水分蒸发；琼脂板则放入铺有数层湿纱布的带盖搪瓷盘中。置15～30℃条件下进行反应，逐日观察3d并记录结果。

5. 结果判定　将抗原加入中心孔，倍比稀释的免疫血清加入周围孔，设立双蒸水的空白对照（注意：加样至孔满为止，不可外溢）。待孔内液体渗入凝胶后即可放于温盒中（如需要可重复加样，间隔时间应掌握在第一次加样后孔内液体尚未完全扩散完的情况下即加入，以免孔周围形成不透明的白色圈）。温盒于25℃中，一般保温24～48h，观察抗原抗体产生的白色沉淀线。免疫血清的滴度以一定抗原浓度下出现白色沉淀线的最高稀释度来表示。如不知抗原浓度是否与免疫血清相当时，抗原也可倍比稀释，多做几个梅花孔以作比较。

判定结果时，应从不同折光角度仔细观察平皿上抗原孔与受检血清孔之间有无沉淀线。判断时要注意非特异性沉淀线。例如当受检马匹近期注射过组织培养疫苗，如乙型脑炎疫苗等，可见与检验用标准阳性血清的沉淀线末端不是融合而为交叉状、两个血清间产生的自家免疫沉淀线等。由于琼扩方法特异性强，检出率高，简便易行，便于现地推广使用，因此一直以来成为马传贫检疫诊断的最主要的实验室方法，具体操作见附录一。

三、血清中和试验

动物受到病毒感染后，体内产生特异性中和抗体，并与相应的病毒粒子呈现特异性结合，因而阻止病毒对敏感细胞的吸附，或抑制其侵入，使病毒失去感染能力。中和试验（neutralization test）是以测定病毒的感染力为基础、以比较病毒受免疫血清中和后的残存感染力为依据来判定免疫血清中和病毒的能力。中和抗体的产生晚于反应性抗体，一般在感染后40～60d开始出现，60～150d达到高峰，之后长时间持续稳定地存在，中和抗体水平很少波动，即使再次发热也不受影响。因此，用中和试验检查EIAV感染的敏感性很高。中和试验是用马白细胞或胎组织细胞在微量培养板上进行，作为常规诊断方法显然是不合适的。但是，中和抗体是型特异性抗体，应用范围非常狭窄，只限于研究中，并不适用于实际检疫。但作为研究手段，中和抗体的评价为EIAV的抗原变异理论提供了原始数据。研究发现，病毒接毒马最初产生的中和抗体只能中和初次发热时分离到的病毒。由此提出，病毒在体内以相当快的速度发生抗原变异。同时发现，同一株病毒接种不同的马，最初产生的中和抗体是相同的，而以后产生的中和抗体则不同，说明病毒在体内的变异缺乏方向性。

中和试验在EIAV的研究中应用广泛，主要包括以下几个方面。① 病毒株的种型鉴定：中和试验具有较高的特异性，利用同一病毒不同型的毒株或不同型标准血清即可测知相应血清或病毒型。所以，中和试验不但可以确定病毒属，而且可以确定病毒型。② 测定血清抗体效价：中和抗体出现于病毒感染的较早期，在体内的维持时间较长。动物体内中和抗体的水平，可显示动物抵抗病毒的能力。③ 分析病毒的抗原性：毒素和抗毒素亦可进行中和试验，其方法与病毒中和试验基本相同。用组织细胞进行中和试验，有常量法和微量法两种。微量法因操作简便，结果易于判定，适用于大批量试验，所以近来得到了广泛的应用。

四、酶联免疫吸附试验（ELISA）

酶联免疫吸附试验是利用抗原抗体之间专一性键结合特性，对待检体进行检测；由于结合于固体承载物上的抗原或抗体仍可具有免疫活性，因此设计其键结机制后，配合酵素呈色反应，即可显示特定抗原或抗体是否存在，并可利用呈色之深浅进行定量分析。

在20世纪80年代后期，竞争ELISA在美国获得许可，其优点是结果判定客观，敏感性比琼扩高，琼扩呈疑似反应的血清用竞争ELISA检测为阳性。在同一时期，哈尔滨兽医研究所率先建立并应用了ELISA双抗体夹心法检测马传贫病毒抗原，为马传贫病毒的定性及定量提供了敏感度高的特异方法，也为马传贫弱毒疫苗的检测和评价提供了比补反、琼扩更为敏感、可靠、简便的方法。其后，又开展了ELISA间接法检测马传贫病毒抗体的研究，建立了特异性强、反应快速的检测马传贫病毒抗体的新技术。这种方法已纳入农业部颁布标准并大量推广使用。具体方法见附录二。

五、蛋白免疫印迹（western blot）

western blot是分子生物学、生物化学和免疫遗传学中常用的一种试验方法。其基本原理是通过特异性抗体对凝胶电泳处理过的细胞或生物组织样品进行着色。通过分析着色的位置和着色深度，获得特定蛋白质在所分析的细胞或组织中的表达情况。

EIAV感染马后抗体的检测结果表明，尽管gp90和gp45在病毒粒子中的拷贝数很低，但在体内激发的抗体反应却比p26高达数倍。马接种EIAV后，gp90抗体最早出现，随后产生p26抗体。这些抗体的检测阳性要比琼扩阳性反应出现早，可在第一次病毒血症之后，第一次发热之前检测到。当ELISA和琼扩方法不相符的情况下，可用Western Blot进行确定试验。尽管如此，Western Blot方法目前仅限于研究使用，它可提供感染马的体液免疫应答动态，确定感染马识别的抗原，特别是能确定囊膜蛋白的特异性抗原表位。

病原学诊断

病原学诊断技术主要包括病毒分离、免疫荧光试验、PCR和马体接种试验。由于EIAV呈持续性感染，用血清学技术检出抗体即可证明为病毒感染。因此，操作烦琐的病原学检测技术用于EIAV感染的诊断是不合适的，但有重要的研究价值。

一、病毒分离

病毒分离是EIAV研究中最基本的研究手段，是EIAV各方面研究的基础。Montelaro领导的研究小组通过对感染马连续分离毒株的血清中和试验、表面抗原中和表位分析、表面糖蛋白编码基因的序列测定，发展了Kono提出的“抗原漂移”学说，初步形成了EIAV的抗原变异理论。此法定性准确，但技术要求高，耗资多，因此只有在必要时才应用。通常是将病料接种于健康马驹或接种于马白细胞培养物，其中以接种马驹法更为敏感。

1. 马匹接种试验

（1）试验驹　选自非马传染性贫血疫区，1～2岁，经3周以上系统检查确认健康的马匹。

（2）接种材料　无菌采取可疑马传贫病马的血液。如怀疑混合感染时，须用细菌滤器过滤血清，接种材料应尽可能低温保存，保存期不宜过长。接种前进行无菌和安全检查。

（3）接种方法　常用2～3匹马的材料等量混合，接种2匹以上的试验驹，皮下接种0.2～0.3mL。

（4）观察期　3个月。每日早、晚定期测温2次，定期进行临床、血液学及抗体检查。当马驹发生典型马传贫的症状和病理变化，或血清中出现马传贫特异性抗体时，即证明被检材料中含有马传贫病毒。

2. 白细胞培养物分离病毒

（1）无菌采集健康驴抗凝血，制备驴白细胞。

（2）待驴白细胞培养1～2d后，换新培养液并加入被检材料，接入被检材料的体积不大于培养液的10%，否则可使培养物产生非特异病变。也可在倾弃旧培养液后直接种入被检材料。

（3）于37℃吸附1～2h后，吸弃接种物，更换新鲜培养液7～10d，逐日观察细胞病变。

（4）结果观察：初代分离培养物通常难以出现细胞病变，一般需要盲传2～3代。如果被检样品中有马传贫病毒，则细胞培养物出现细胞变圆、破碎和脱落为特征的细胞病变。

对于长期无热发作的隐性感染马，外周血中感染细胞的概率很低，用上述方法分离病毒容易失败，此时可制备被检马的外周血白细胞培养物，培养7～10d后将培养物冻融3次，再种入被检马的白细胞培养物上，这样共培养3次，之后获得的培养物接种于健康马的白细胞培养物上，可分离出病毒。对发生病变的细胞培养物，用血清学方法检查为阳性才可证明是EIAV。病毒分离是EIAV研究中最基本的研究手段，是EIAV各方面研究的基础。

二、免疫组化试验

免疫组化是应用免疫学基本原理——抗原抗体反应，即抗原与抗体特异性结合的原理，通过化学反应使标记抗体的显色剂（荧光素、酶、金属离子、同位素）显色来确定组织细胞内抗原（多肽和蛋白质），对其进行定位、定性及定量的研究。免疫组织化学技术按照标记物的种类可分为免疫荧光法、免疫酶法、免疫铁蛋白法、免疫金法及放射免疫自显影法等。

免疫组化技术可用于EIAV病毒在马体内感染和定位的确定。受感染马在病毒血症期间，用外周血白细胞涂片，经荧光抗体染色，可观察到病毒感染的细胞。在早期研究中，EIAV在组织和细胞中的定位是用免疫组化试验进行的，马在接种病毒之后6～38d，大多数组织中含有病毒抗原，脾、淋巴结和肝脏含量最大，受感染的细胞主要是巨噬细胞。

三、聚合酶链反应

聚合酶链反应（polymerase chain reaction，PCR）是体外酶促合

成特异DNA片段的一种方法，由高温变性、低温退火（复性）及适温延伸等几步反应组成一个周期，循环进行，使目的DNA得以迅速扩增，具有特异性强、灵敏度高、操作简便、省时等特点。它不仅可用于基因分离、克隆和核酸序列分析等基础研究，还可用于疾病的诊断或任何有DNA、RNA的地方。荧光定量PCR（ real time fluorescence quantitative PCR，RTFQ PCR）是1996 年由美国Applied Biosystems 公司推出的一种新定量试验技术，是通过荧光染料或荧光标记的特异性的探针，对PCR产物进行标记跟踪，实时在线监控反应过程，结合相应的软件可以对产物进行分析，计算待测样品模板的初始浓度。该方法广泛用于多种动物疾病检测如禽流感、新城疫、口蹄疫、猪瘟、沙门菌感染、大肠埃希菌感染、胸膜肺炎放线杆菌感染、寄生虫病、马传贫等。

Nagarajan等人在2001年建立了以马外周血中提取的前病毒DNA为模板的基于*gag*基因的巢式PCR扩增方法。随后在2002年又建立了更为敏感的荧光定量PCR方法。

用病毒特异性引物对受感染马的PBMC进行检测，具有高度的敏感性。某些隐形感染马，外周血液中的感染细胞概率很低，用PCR方法检测也可能呈现阴性反应。PCR不但可用于EIAV的组织定位，更可用于EIAV的分子生物学研究。

四、马体试验

选择EIAV感染阴性的6月龄马驹，取被检马的全血、血清或20%脏器乳剂100mL，经皮下或静脉注射，在3个月内观察临床、血清学和抗体应答变化，可确定有无EIAV感染。该法比琼脂凝胶免疫扩散试验和ELISA敏感，在美国农业部的EIA诊断标准中，该法被用作确定试验。但是，在某些感染细胞数极低的隐性感染马，用该法试验也呈阴性反应。马接种试验在诊断中没有使用价值，但在研究中可以使用。

鉴别诊断

马传贫、马血孢子虫病、马锥虫病、马鼻疽、马腺疫、马钩端螺旋体病及马营养性贫血等的病原体、发病原因虽然各异，但在临床症状上通常有些相似之处，都具有高热（营养性贫血除外）、贫血、黄疸、出血等症状；而且在临床上常常遇到非典型性经过和混合感染的病例，故诊断时比较困难。必须全面考虑，排除其他病症，才能做出正确诊断。可从流行特征、病因、临床症状及病理变化等角度进行鉴别诊断。具体参见附录三。

综上所述，马传贫的诊断方法有很多，并且每种方法各有所长，相互不能取代。其中任何一种方法呈现阳性都可判定为马传贫病毒，几种并用可相互补充，提高检出率。

参考文献

哈尔滨兽医研究所 . 1989. 家畜传染病学 [M]. 北京：农业出版社 .

于力 . 1996. 慢病毒和相关疾病 [M]. 北京：中国农业科技出版社 .

COGGINS L, NORCROSS N L, NUSBAUM S R, et al. 1972. Diagnosis of equine infectious anaemia by immunodiffusion test[J].Am.J.Vet.Res, 33: 11–18.

COOK R F,COOK S J,Li F L, et al.2002.Development of a multiplex real-time reverse transcriptase-polymerase chain reactin for equine infectious anemia virus(EIAV) [J].Virol Methods, 105: 171–179.

NAGARAJAN M M, SIMARD C, et al.2001.Detection of horses infected naturally with equine infectious anemia virus by nested polymerase chain reaction[J]. J. Virol. Methods, 94: 97–109.

SHANE B S,ISSEL C J, MONTELARO R C, et al. 1984.Enzyme-linked immunosorbent assay for detection of equine infectious anemia virus p26 antigen and antibody[J]. J. Clin.Microbiol, 19: 351–355.

第六章

疫苗研究及应用

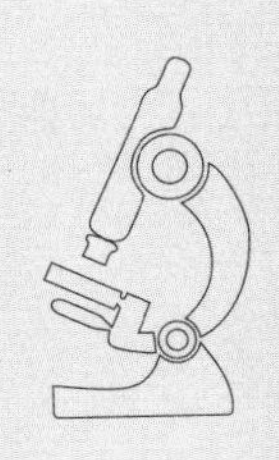

第一节 EIAV疫苗研究史

一、我国EIAV疫苗研究史

历史经验证明，疫苗是预防及阻断传染病传播的最有效手段。马传染性贫血病毒（EIAV）自1843年在法国被发现以来，随着对其病原特性的描述及不断认知（Delafond，1851年；Vallee，1904年），科学家们发现该病毒在马体内可连续发生抗原漂移。因此，一些学者提出“EIAV无免疫”的理论，即EIAV疫苗是不可能实现的。但科学家们又注意到近80%自然感染耐过马能有效地抵抗强毒株的再次攻击，实现免疫保护。因此，马传贫病马耐过后如何获得免疫及本病能否进行人工免疫，一直是国内外所重视和争论的问题，也是疫苗能否得以研究的核心问题。

我国科学家在早期研究中认为，尽管马传贫的免疫状态可能具有其特殊性，免疫强度可能相对不稳定，但是某些感染马在一定阶段甚至长期呈现对再感染的抵抗现象却是不可否认的事实。因此，人工免疫具有一定的可实施性。在20世纪90年代初，我国科学家在疫苗研制方面积极开展研究，做了大量工作。最初阶段曾试用过以甲醛、石炭酸、结晶紫、氟利昂、γ射线，以及加热等物理化学方法处理获得脏器组织疫苗和细胞培养疫苗，均未成功。但多种灭活疫苗的失败使科学工作者认识到，像马传染性贫血这类的慢病毒感染，灭活疫苗只引起体液免疫，在当时又无理想佐剂的情况下，很难达到有效的免疫保护。因此，我国科学家把重点转放在培育弱毒疫苗的研究中。合适的致弱细胞的选择是弱毒疫苗得以有效研究的前提和基础。在弱毒疫苗研究初期，科研工作者首先对异种动物和异种动物细胞进行强迫感染试验，进行感染EIAV细胞系的筛选，以期达到体外致弱病毒的目的。先后进行了豚鼠、家兔、小鼠、鸡胚、猪、犬、绵羊、牛白细胞，豚鼠骨髓细胞，人肾细胞和Hela细胞等多种动物和细胞的感染试验，均未成功。同期哈尔滨兽医研究所、辽宁省兽医研究所和陕西省兽医研究所等又以透明质酸酶、盐酸氰胺等处理鸡胚后进行马传贫病毒感染与继代试验。结果发现低代次的继代鸡胚毒复归马有不同程度的热反应，但重复试验均未获得满意结果。由此，缺少合适的体外培养EIAV的细胞系，使EIAV弱毒疫苗的研究停滞不前。直到1961年，日本学者Kabayashi在体外用马外周血白细胞、马皮肤细胞、马驹骨髓细胞等16种马组织细胞成功获得EIAV的繁殖培养，解决了EIAV传统致弱疫苗研究所面临的瓶颈，也开创了EIAV致病机制研究的新纪元。经过几十年疫苗研究经验的总结，多家研究单位开始了长期的弱毒疫苗致弱途径的探索性研究。中国人民解放军兽医大学首先应用辽系马传贫强毒在马骡白细胞上培养继代毒，并采用了高、中、低等不同的培养温度。37℃培养继代200代时复归马体，试验显示该方法未见病毒致弱倾向，马传贫强毒攻击也不保护。而42℃高温培养100代时复归马体，可见病毒毒力有所下降，但是强毒攻击不保护。低温（30～33℃）培养继代35代后复归马体，同样看到上述现象。后来又改用驴胎细胞进行相同的继代试验，获得类似的结果。也有研究单位尝试采用临界稀释病毒继代的方法。简单来说，以上述骡白细胞正常传代的第30代毒为基础，经7轮临界稀释获得的MF75毒株对马的毒力明显减弱，但对强毒攻毒无保护力。在驴胎细胞和驴骨髓细胞上进行弱毒驯化的结果显示，先在驴胎骨髓原代细胞上培养继代13代后，转用骨髓继代细胞培养的第10代毒，分别接种驴和马，证明其毒力下降，攻毒后也有一定程度的保护力。当用第22代毒接种马、驴时，其毒力进一步下降，但强毒攻击后均不保护。驴胎肺细胞培育弱毒，以骨髓细胞毒转用肺细胞培养继代，用其第11代毒接种2匹马，虽均安全，但在攻毒后均出现反应。从以上这些试验结果不难看出，无论应用马骡的白细胞继代细胞培育驯化弱毒，还是采用何种方法接种马驴，都既存在不安全的问题，又存在免疫效果不良问题（图6-1）。

在此阶段，哈尔滨兽医研究所在经过不断尝试和总结相关研究进展后，开始了具有自身特色的EIAV弱毒疫苗的致弱研究。哈尔滨兽医研究所弱毒疫苗的研究可以分为两个重要阶段：在研究初始阶段，将马传贫病强毒（黑系）直接通过驴白细胞长期传代（在不同培育温度）致弱。首先以常温（37℃）传10代后，再以逐步降低培养温度的方式进行继代达100多代次（如11～16代为36℃；23～28代为33.5～34.5℃；29代为31～32℃）。将继代过程中不同代次毒复归马、驴体后证明，这种方式获得的病毒株毒力变化不稳定，对强毒攻击的免疫效果也不理想。为此，科研工作者们意识到能获得较好免疫效果的弱毒疫苗的前提是拥有一株毒力很强、具有良好抗原性的强毒株。为此，他们首先将野外分离的强毒株（辽系）进行驴体复归，经长达100多代次的驴体内传代后，获得一株高致病力的驴传贫强毒株。随后将驴系传贫强毒用体外培养的驴白细胞通过连续传代、改变病毒的增殖条件使之发生遗传变异。经过120多代次的体外驯化，终于培育出了一株毒力明显减弱、免疫性

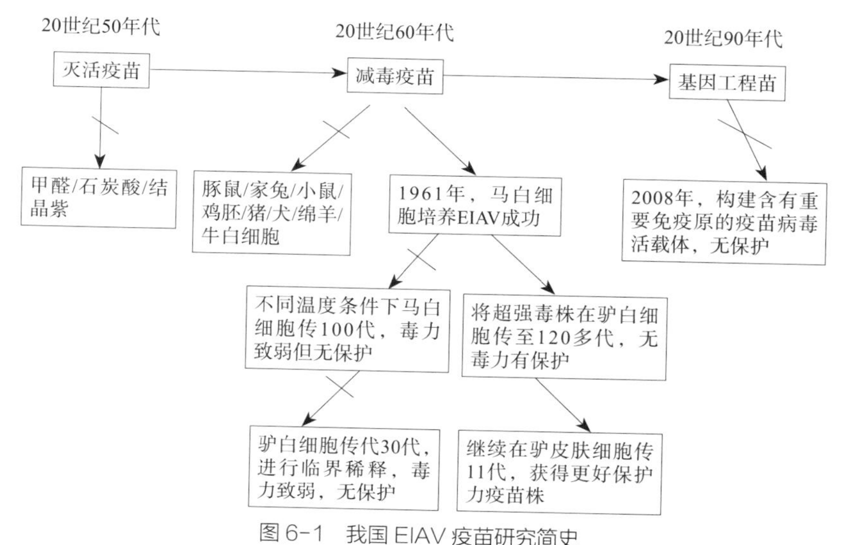

图6-1 我国EIAV疫苗研究简史

良好、可以用作制造疫苗的驴白细胞弱毒疫苗株（$EIAV_{DLV}$）。为了生产的便捷性，又将驴白细胞适应性弱毒株进一步通过驴胎皮肤细胞继代培养，当代次在10～15代时，获得了比驴白细胞弱毒疫苗免疫保护效果更好的驴胎皮肤细胞弱毒疫苗株（$EIAV_{FDDV}$），其临床保护率在90%。按照此路线研制的驴白细胞弱毒疫苗株（$EIAV_{DLV}$）和驴胎皮肤细胞弱毒疫苗株（$EIAV_{FDDV}$）接种马属动物后，不但能够有效地抵抗同源毒株的攻击，对美国、古巴、阿根廷等异源毒株也显示出一定的免疫保护效果（为50%～75%），驴胎皮细胞适应性弱毒（$EIAV_{FDDV}$）的保护率约为80%。如图6–2所示，EIAV弱毒疫苗研制的路线包括马强毒→驴强毒→驴白细胞适应性弱毒→驴胎皮细胞适应性弱毒几个环节。

因此，我国研制的EIAV弱毒疫苗已在实际上克服了马传贫病毒抗原变异的特性，可有效地诱导机体产生免疫保护。EIAV弱毒疫苗也是迄今为止世界上唯一大规模成功应用的慢病毒疫苗。另外，随着分子生物学的发展，近几年国内的研究室也构建了包含EIAV主要抗原的gag/env重组痘苗病毒及DNA疫苗。所获得的病毒株均未能复制EIAV弱毒疫苗株的保护特性，均不能有效抵抗EIAV强毒株的攻击。该研究结果进一步说明，EIAV弱毒疫苗仍是抵抗慢病毒感染最有效地疫苗形式。尽管出于安全性

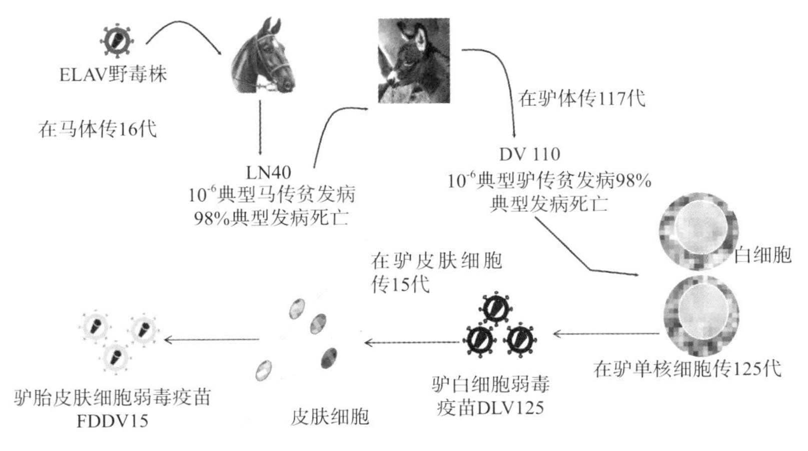

图6-2　我国EIAV弱毒疫苗研究路线

考虑，活疫苗在HIV－1的应用受到限制，但是EIAV弱毒疫苗的成功所蕴含的重要信息可为HIV－1及其他慢病毒疫苗的研究提供独一无二的模型。

二、国外EIAV疫苗研究史

最初有关EIAV病原的发现及相应病原学的研究报道多源自于国外研究，但是有关EIAV疫苗的尝试却至今未获得满意结果。在此方面研究最多的是美国和日本。首先，将$EIAV_{wyoming}$株进行常规物理方法获得灭活疫苗株，但该灭活疫苗只能够抵抗同源毒株的攻击，不能保护免疫马感染异源毒株。另外，美国科学家也尝试在白细胞培养物上进行传代，获得了几株毒力减弱的病毒株，包括保存和繁殖种毒过程中无意致弱的，但对这几株病毒株未见有关免疫试验的报道。而在同阶段，Kono等也利用在马白细胞培养物上传代的方式，获得一株在马体内几乎丧失增殖能力的病毒株（V26），给马接种后不表现临床症状，能抵抗同源强毒株的攻击，但是对异源强毒株的攻击同样不能保护。国外EIAV疫苗的研究陷入停滞的状态。

随着分子生物学的不断发展，多种疫苗形式得以开发和应用。而马传贫耐过马又能产生对致病离毒株的抵抗，使科学家对EIAV疫苗的研制充满了希望。因此，科学家开始了多种疫苗形式的探索，构建成功以EIAV囊膜糖蛋白为主要成分的亚单位疫苗，该疫苗不但不能够保护免疫马对致病力毒株的攻击，反而会加重攻毒马的发病症状。这种亚单位疫苗对疾病的增强作用，在猫免疫缺陷病毒（FIV）和山羊关节炎－脑炎病毒（CAEV）等慢病毒的疫苗尝试中也有相关报道。已有的研究认为，抗体依赖性增强（ADE）和补体介导的抗体依赖性增强（C－ADE）作用，是造成亚单位疫苗介导的攻毒后临床症状加重的主要原因。另外，基于可诱导良好细胞免疫的CTL表位设计的表位疫苗，在免疫马匹后也不能诱导免疫马匹产生较好的抵抗致病力毒株攻击的免疫应答。而Monterlon等通过基因工程手段，在EIAV的*S2*基因中引入终止密码子，造成S2蛋白翻译的提前终止，从而影响病毒的复制能力，导致病毒毒力的减弱。随后又在此基础上在*S2*区删除9个氨基酸获得了一株疫苗株（$EIAV_{D9}$）。该疫苗株免疫马后，在马体内该病毒的载量明显降低，且免疫马匹可对同源致病力毒株的攻击产生100%的完全保护。然而，该弱毒株诱导的免疫保护率会随着攻毒毒株与其同源致病力毒株在囊膜蛋白上差异的逐渐增加而显著降低。当差异为13%时，该弱毒株免疫马匹攻毒试验的保护率就只剩下25%（表6-1）。

尽管以上这些关于EIAV疫苗的尝试结果并不尽如人意，但是通过这些尝试总结的经验教训及获得的相关研究数据，对慢病毒免疫机制的明确和疫苗研制策略的探讨仍具有重要积极的意义。

表 6-1　EIAV 疫苗研究过程中涉及的重要毒株

毒性	毒株	特　性
强毒	Wyoming	在美国分离到的高毒力自然毒株，毒种经马体内传代
	Th-1	在美国麻省分离的 EIAV 自然毒（强毒）接种马后，在首次病毒血症期间采集的血清毒
	LN 株	由辽宁省分离到的自然强毒
	DV 株	辽毒株（L 株）经过一系列的驴体传代后获得，对马和驴毒力明显增强
	H 株	由黑龙江省分离到的自然毒
	Y 株	新疆分离到的自然毒株
	V70	日本分离的强毒株
细胞适应弱毒	Malmquist	由 Wyoming 野毒株在马皮肤成纤维细胞上多代次盲传获得的适应株。本身毒力弱，复归马体几次传代后毒力又增强
	V26	V70 经细胞适应后获得的弱毒株
	DLV 株	由 DV 株经过驴白细胞体外培养传代致弱的疫苗毒株，接种马匹能保护马抵抗同源及异源强毒攻击

（续）

毒性	毒株	特　性
细胞适应弱毒	FDD 株	DLV 株在驴胎皮肤细胞上传代适应后的驴胎皮肤细胞弱毒疫苗株
	MA-1	Th-1 适应马真皮细胞，体外培养获得的非致病性毒株
感染性分子克隆	1369	Wyoming 野毒株适应 Cf2th 细胞克隆到的非感染性前病毒分子克隆
	CL-22	由 Malmquist 株获得的无毒力感染性分子克隆
	POK8266	由 DLV 株获得的非致病性感染性分子克隆
	pSPEIAV19	非致病性感染性分子克隆
	ENV17/WENV16	急性致病性感染性分子克隆
	$EIAV_{UK}$	致病性感染性分子克隆

我国 EIAV 减毒活疫苗的研究及应用

一、马传贫驴白细胞弱毒疫苗的制备

马传贫弱毒疫苗株的培育

1. 驴白细胞弱毒株（$EIAV_{DLV}$）的培育　从驴静脉采血后分离白细胞，体外静止培养1～2d后接种强毒。随着继代数的增加，病毒逐渐适应驴体外白细胞生长繁殖，产生病变的时间也逐渐缩短。低代次毒需经过4～5d产生病变，高代毒则需要3～4d。细胞病变以出现萎缩、变圆、退化变质为主要特征，最后从瓶壁脱落。每一传代代次毒都通过补反及

ELISA检验是否具有马传贫抗原的特性。随着病毒株在体外白细胞传代次数的增加，病毒逐渐适应了体外培养细胞（表6–2）。同时其对马、驴的毒力也发生了相应变化。在体外传至第60代前获得的病毒株接种马驴还有50%以上的发病或致死率。而在110代后获得的病毒株接种马驴后，不仅不能致死而且也不出现任何马传贫症状。这说明EIAV强毒株在长期的体外传代过程中丧失了毒力（表6–3、表6–4）。

表 6–2 细胞继代毒对培养细胞毒力测定

代数	稀释倍数												TCID 50/mL
	10^{-2}		10^{-3}		10^{-4}		10^{-5}		10^{-6}		10^{-7}		
	CFE	CF	CFE	CF	CFE	CF	CFE	CF	CFE	CF	CFE	CF	
28	●$_7$ ●$_7$ ●$_7$ ●$_7$	1.0	● ● ●$_7$ ●$_7$	1.7	●$_5$ ●$_5$ ●$_5$ ●$_5$	未	○ ○ ● ●$_9$	未	○ ○ ○ ○				6.0
55	●$_7$ ●$_7$ ●$_7$ ●$_7$	2.5	●$_7$ ●$_7$ ●$_7$ ●$_7$	1.9	●$_5$ ●$_5$ ●$_5$ ●$_5$	9.4	○ ○ ● ●	2.1	○ ○ ○ ○	0			6.3
80	●$_7$ ●$_7$ ●$_7$ ●$_7$	3.2	●$_7$ ●$_7$ ● ●	3.1	●$_5$ ●$_5$ ●$_5$ ●$_5$	2.1	● ○ ● ●	1.9	○ ○ ○ ○	0			6.3
100	●$_5$ ●$_5$ ●$_5$ ●$_5$	5.5	●$_7$ ●$_7$ ●$_7$ ●$_7$	5.3	●$_7$ ●$_7$ ●$_7$ ●$_7$	5.0	● ● ● ●	5.3	○ ○ ●$_9$ ●$_{10}$	4.6			7.0
115	●$_5$ ●$_5$ ●$_5$ ●$_5$	6.2	● ● ● ●	6.2	●$_6$ ●$_7$ ●$_7$ ●$_7$	7.1	● ● ● ●	7.2	○ ○ ●$_9$ ●$_{10}$	5.8			7.0
129	●$_5$ ●$_5$ ●$_5$ ●$_5$	5.7	● ● ● ●	5.3	●$_7$ ●$_7$ ●$_7$ ●$_7$	4.9	● ● ● ●	4.7	●$_9$ ●$_9$ ●$_{10}$ ●$_{10}$	未			7.3
150	●$_5$ ●$_5$ ●$_5$ ●$_5$	4.2	● ● ● ●	4.4	●$_7$ ●$_7$ ●$_7$ ●$_7$	4.0	● ● ● ●	3.4	●$_9$ ●$_9$ ●$_{10}$ ●$_{10}$	3.5			7.5
170			●$_7$ ●$_7$ ●$_7$ ●$_7$	6.1	●$_7$ ●$_7$ ●$_7$ ●$_7$	4.2	● ● ● ●	3.3	●$_{10}$ ●$_{10}$ ●$_{10}$ ●$_{10}$	0.2	● ● ● ●	1.1	8.5

注：● 表示接种病毒后出现病变；○ 表示不出现细胞病变；● 右下角数字表示出现病变的潜伏期。

CFE 表示病变；CF 表示补体结合反应效应；未表示未做补反检验。

表 6-3　不同代次毒对驴的毒力变化

DLV	接种驴数量（头）	反应					发病率（%）
		●	◒	⊖	⊗	○	
1 ~ 21	3	1	2				100
22 ~ 40	9	2	2	2	1	2	67
41 ~ 60	12	3	2	2	2	3	58
61 ~ 80	6		2	1		3	50
81 ~ 100	12			1	2	9	8.3
100 ~ 129	9					9	0

注：● 表示死亡；◒ 表示多次发热，EIA 症状典型；⊖ 表示发热一次且血小板下降；⊗ 表示体温略微升高，但未见血小板降低；○ 表示未见任何症状。

表 6-4　不同代次毒对马的毒力变化

DLV	接种马数量（匹）	反应					发病率（%）
		●	◒	⊖	⊗	○	
55 ~ 70	3	1	2				100
71 ~ 80	4		3	1			100
90 ~ 100	11		1			10	9.1
101 ~ 110	8			1		7	12.5
111 ~ 120	20			1		19	5
121 ~ 130	36					35	0
131 ~ 140	22				1	21	0
141 ~ 150	2				1	2	0
151 ~ 160	4					4	0
161 ~ 170	4					4	0
200	4					4	0

注：● 表示死亡；◒ 表示多次发热，EIA 症状典型；⊖ 表示发热一次且血小板下降；⊗ 表示体温略微升高，但未见血小板降低；○ 表示未见任何症状。

为进一步评价获得的EIAV弱毒株对马和驴毒力的稳定性，又进行了后续的三方面试验研究：① 检测该EIAV弱毒株接种马体后血液的带毒情况。② 将接种马的血液复归驴体后进行血清抗体检测。③ 将EIAV弱毒株接种驴的血液或脏器乳剂再复归驴体，观测受试驴的临床症状和带毒情况。如表6-5所示，免疫马攻击强毒后的血液在复归驴后未显示出任何的临床症状。这说明，免疫马血液中不含有强毒株。同时，再次攻击强毒后皆导致驴体发病，这说明驴体内也不含有疫苗株。上述三方面的试验结果说明，获得的EIAV弱毒疫苗株接种的马和驴是不带病毒的，疫苗是安全的。

表 6-5　DLV 免疫马攻毒后血液中病毒动态变化

试验马号	试验马情况					复归驴情况			
	接种 DLV			攻击马传贫强毒		复归驴			攻击驴强毒
	材料及方法	反应	CF	反应	复归驴材料	驴号	反应	CF	反应
7214	DLV-90 10^{-3}mL 皮下注射	–	+	#	L 攻毒后 61d 血清 20mL 皮下注射	4	#	+	
				+	L 攻毒后 61d 血清 20mL 皮下注射	36	–	–	#
7253	DLV-95 5mL 皮下注射	–	+	–	L 攻毒后 103d 血清 30mL 皮下注射	35	–	–	+++
747	DLV-115 5mL 皮下注射	–	+	±	L 攻毒后 190d Y 攻毒后 87d 血清 20mL 皮下注射	40	–	–	+++
7411		–	+	–	L 攻毒后 190d 血清 28mL 皮下注射	62	–	±	#

（续）

试验马号	试验马情况					复归驴情况			
	接种 DLV			攻击马传贫强毒		复归驴			攻击驴强毒
	材料及方法	反应	CF	反应	复归驴材料	驴号	反应	CF	反应
7452		–	+	–	L 攻毒后 190d 血清 36mL 皮下注射	46	–	–	#
7416	DLV-115 0.5mL 皮下注射	–	+	–	L 攻毒后 190d 血清 30mL 皮下注射	47	–	–	#
744	DLV-122 5mL 皮下注射	–	+	–	L 攻毒后 82d 血清 30mL 皮下注射	70	–	–	++
720	DLV-122 5mL 皮下注射	–	+	–	L 攻毒后 82d 血清 30mL 皮下注射	36	–	±	+++
76			+	+++	L 攻毒后 110d 血清 20mL 皮下注射	41	+++	+	–
7612	DLV-135 5mL 皮下注射	–	+	+++	L 攻毒后 110d 血清 20mL 皮下注射	18	+++	+	–
7613		–			L 攻毒后 110d 血清 30mL 皮下注射	10	±	–	#

注：– 表示阴性；+ 表示阳性；# 表示死亡；± 表示疑似；++ 表示发热一次且血小板下降；+++ 表示发热且血小板下降。

为进一步探讨EIAV弱毒株的减弱程度及其稳定性，科学家们又将不同代次的EIAV弱毒株分别接种马或驴体进行连续传代，共进行9次返祖试验。简单来说，就是用第115代后的继代毒接种马或驴，用其脾、肝、淋巴结、骨髓的乳剂或血液继续传代。第115代后的弱毒疫苗株在马、驴体内只能传至2代（图6–3）。证明EIAV弱毒疫苗株在马体内未出现毒

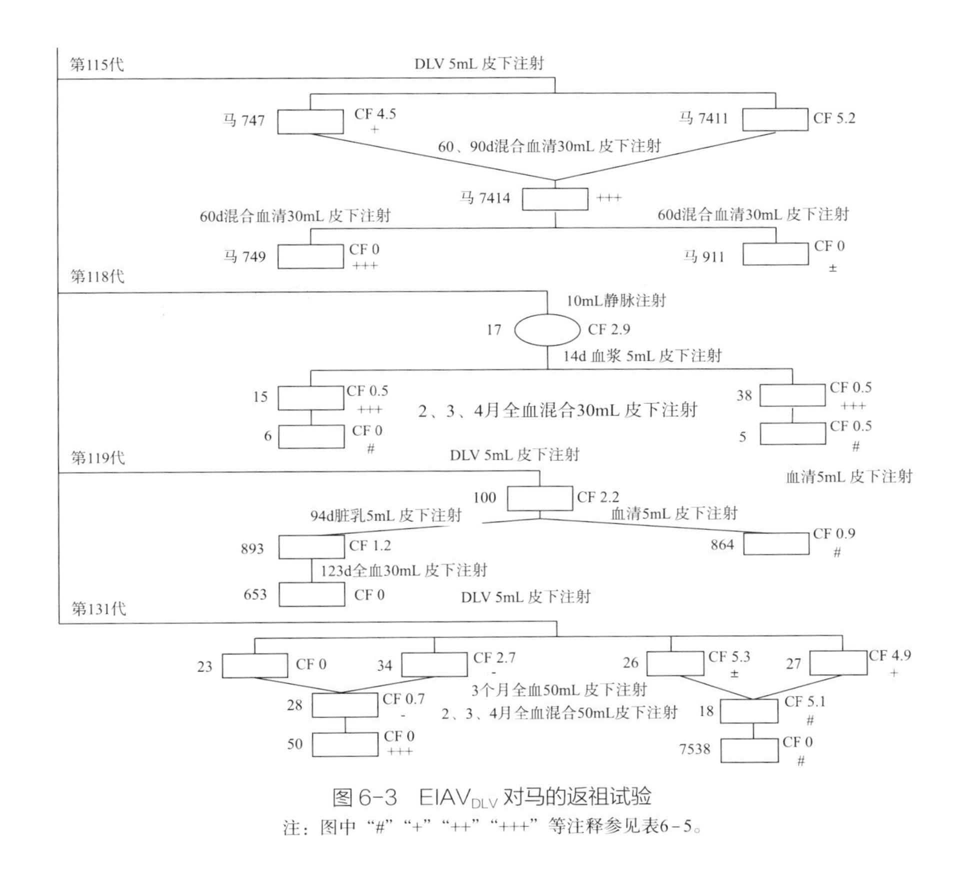

图6-3　EIAV$_{DLV}$对马的返祖试验

注：图中“#”“+”“++”“+++”等注释参见表6-5。

力返强现象，进一步证明了减毒活疫苗的安全性。

在实验室和自然条件下，将弱毒接种的马匹与健康马进行同居试验。在有传染媒介存在的情况下（经过1～2个蚊虻季节），与疫苗免疫马混合饲养的健康马不表现任何反应，证明未发生同居感染。在验证所获得的弱毒疫苗株的稳定性和安全性后，研究组又进行了弱毒株的免疫试验：将弱毒疫苗接种马匹后，一般在接种21d后出现补反、琼扩、ELISA和荧光抗体，在第60天抗体阳性率几乎达100%，以后这些抗体的阳性率逐渐下降，而在60d后中和抗体上升并长期持续。保护试验显示，该疫苗株免疫的马匹对同源强毒株的保护率，马为85%，驴为100%。而对异源毒株（美国Wyoming系和阿根廷系、古巴系马传贫强毒）的保护率与同源毒株相近。这说明获得的EIAV弱毒疫苗株能够诱导马体产生有效的免疫保护，以抵抗强毒株的攻击（表6–6）。

表6–6 DLV接种马与同源或异源马传贫强毒的交互免疫试验

	DLV	接种马数	观察日期（d）	毒系	马传贫强毒攻击剂量及方法	保护
同源强毒	118 ~ 129代	23	165 ~ 315	辽宁强毒（LV）	10^{-4} 1mL 皮下注射	20/23
	对照	13			10^{-4} 1mL 皮下注射	0/13（死10）
异源强毒	119 ~ 125代	16	305 ~ 402	新疆强毒（YV）	10^{-4} mL 皮下注射	13/16
	对照	9			10^{-4} mL 皮下注射	0/9（死8）
	122代	2	400	黑株（HV）	10^{-5}	2/2
	对照	1			10^{-5}	0/1(死）
	125代	22	180 ~ 1 350	美国Wyoming株（WV）	10^{-3} ~ 10^{-4}	17/22
	对照	13			10^{-3} ~ 10^{-4}	0/13(死8）
	125代	4	323	阿根廷株（AV）	10^{-4} ~ 10^{-5}	3/4
	对照	3			10^{-4} ~ 10^{-5}	0/3(死1）
	125代	4	845	古巴株（CV）	10^{-4}	2/3
	对照	2			10^{-4}	0/2

2. 驴胎皮肤细胞弱毒疫苗（$EIAV_{FDDV}$）的培育　马传贫驴胎皮肤细胞弱毒疫苗是继驴白细胞弱毒疫苗后，我国又一个用于马传贫防治的疫苗。该苗比驴白细胞弱毒疫苗更加安全、免疫保护率更高。马传贫驴胎皮肤细胞弱疫苗是以驴胎皮肤细胞作为培养基质增殖病毒制备的。该基质是采取胎龄为3 ~ 5个月无传贫及其他疫病妊娠率胎儿的皮肤细胞，按

国际通行的二倍体细胞株建立及检验方法建立的驴胎皮肤细胞株。该株生物学特性如下：成纤维细胞，原代培养8d左右即可形成致密单层。40代以内细胞生长旺盛，贴瓶壁能力强，细胞形态良好。40代以后细胞生长缓慢。50代左右细胞生长终止。对冻存短代次种子细胞进行多次复苏再培养时，各代次细胞形态、生长情况及形成单层平均时间与原代一致，其生长动态完全符合二倍体细胞株的有限生命期特性。对不同代次种子细胞接种裸鼠进行肿瘤性试验，结果全部为阴性，表明此细胞株无致肿瘤性；用多种方法检测不同代次的细胞，证明无细菌、霉菌、支原体和病毒污染；上述情况表明该细胞是纯净的继代细胞株，是制造马传贫弱毒疫苗的优良细胞基质。另外，驴胎皮肤细胞疫苗株还可以克服驴白细胞弱毒疫苗一些难以克服的缺点。如原代细胞培养不仅需高浓度血清，而且不稳定，不利于生产。

马传贫驴胎皮肤细胞弱毒株，是用驴白细胞弱毒第123代毒在驴胎皮肤细胞上连续传代至15代建立的。随着不断在驴胎皮肤细胞上的传代，驴白细胞弱毒株逐渐适应在其上复制和增殖。电镜检测结果显示，低代次毒株的病毒粒子很少。而从第5代开始，接毒后4～5d就可见大量不同发育阶段的典型马传贫病毒粒子。接近收毒期时病毒粒子数量更多，在细胞膜、空包膜和微绒毛上见到“出芽方式”成熟的大量病毒粒子。该病毒株对基质细胞有致病变作用，第5代以前，接毒细胞到1个月左右收获时仍不见细胞病变。从第5代开始，一般在接毒后10d左右可见部分细胞出现萎缩、发暗，最后变圆肿大等变化。有时还可引起细胞发生典型的“髓样变”。传代毒株有较好的抗原性及较高的病毒毒价，用补体结合反应、琼脂凝胶免疫扩散试验、酶联免疫吸附试验及免疫荧光试验检测不同代次培养物的抗原性，结果表明随着传代次数增加，病毒培养物的抗原性也随之增加，各项指标出现时间提前，指标高峰也有所提高。病毒培养第7天时，ELISA的OD为0.8～1.0，补反效价为5.0～7.0；第9天时，荧光检测显示75%细胞有特异性荧光反应；第13天时琼脂单扩散沉淀环为1.0mm。不同代次病毒培养物原液接种马，经3个月安全性观察，每天测温2次，第20天进行一次血清学及临床检查。结果无任何异常反应，而安检马血清100%阳性，表明该弱毒株对马是安全的。将上述安检马于注苗后6个月用强毒攻击均获良好的保护力。驴白细胞弱毒接种驴胎皮肤细胞后获得的驴胎皮肤弱毒疫苗株较驴白细胞弱毒疫苗株具有更好的保护效果。

马传贫驴胎皮肤细胞弱毒疫苗的制备。首先选择生长良好的单层驴胎皮肤细胞，倒去细胞生长液按30%接种毒种，在室温下感作20min，然后换上含6%～10%牛血清的0.5%水解乳蛋白液，置37℃温室培养。接毒后5～6d开始出现细胞萎缩、发暗及变圆等病变，12d左右病变明显并有20%细胞脱落，与不接毒的对照组细胞有明显差异时即可收获。经混批、杂检后即成湿苗或按1：1加入无菌牛血清，经冻干为冻干疫苗，制备成6、8、10、13及15五个代次疫苗，并对各代次疫苗进行检测。各代次疫苗的补反效价为4.0～7.2，毒价为10^{-7}～10^{-6}/mL。用10代疫苗接种马匹，于接毒后14及21d可检出补反及琼扩抗体，28 d 100%阳性，60d以后开始下降，至120d阳性为15%。荧光抗体于注射疫苗后21d出现，45d为80%，120d为15%左右。疫苗对马的安全性检查，5个代次疫苗以原液2～5mL皮下接种马，经3～24个月测温、血清学及临床检查，均未见异常。上述5个代次疫苗以原苗及10倍稀释苗2mL接种马，经6～24个月后攻击强毒，6代苗保护2/4、8代苗保护4/4、10代苗保护38/41、13代苗保护4/4、15代苗保护4/6。故该苗代次控制在8～13代，保护率为46/49（94%），免疫期暂定为2年（3/4保护）。

二、马传贫弱毒疫苗的应用

1. 马传贫弱毒疫苗在我国的应用　马传贫给我国养马业及农村经济造成了巨大损失。尽管投入了大量的人力和物力进行马传贫的防制工作，马传贫还是在我国大规模地暴发。直至1975年，哈尔滨兽医研究所研制成功马传贫驴白细胞弱毒疫苗，在实验室阶段获得了良好的免疫保护，为马传贫的免疫控制带来了希望。随后的几年，在马传贫疫区进行了不同规模的免疫试验，证明了该疫苗的安全有效性，由此马传贫弱毒疫苗在全国范围内进行推广，有效地控制了马传贫在我国的流行，并挽回经济损失达65亿。

为此，1979—1988年，我国免疫策略改为“马传贫驴白细胞弱毒疫苗”免疫注射为主，辅以特异性血清学诊断和临床综合诊断的防制措施。1965年我国首次培养马白细胞成功。1975年培养成功驴白细胞弱毒疫苗。至此实验室的工作基本结束。1975年6月，在河北秦皇岛召开“防制马传贫病现场会和疫苗科研协作会议”。在此次会议上认为驴白细胞弱毒疫苗在实验室的研究结果证实其有效安全，但数据尚少，应在大规模的试验中取得更为可信的数据。同时确定陕西省兽医研究所进行驴白细胞疫苗的安全性和免疫效力试验；内蒙古自治区畜牧兽医研究所进行疫苗对蒙古马的安全性和免疫效力试验；山西省畜牧兽医研究所进行疫苗对马驴骡的安全性和免疫效力区域试验；黑龙江省富裕兽医研究所和吉林省兽医研究所进行疫苗安全性和效力的区域性试验。随后，又增加了8个试验点，包括山西省临汾市、黑龙江省延寿县、太平川种马场、肇东县青龙种畜场、宾县、讷河县青色草原马场等。以上各试点试验马匹的补反和琼扩检疫工作由哈尔滨兽医研究所指导和承担。从1975年9月开始，这些试验点共注射试验马10 380匹，其中马2 983匹、骡3 491头、驴3 926头。经观察和研究测验，进一步验证了驴白细胞弱毒疫苗对不同品种的马、骡、驴均安全有效。1976年在黑龙江省肇东县召开了马传贫疫苗区域试验现场会。会上初步讨论和总结了区域试验的结果，认为区域试验的基本情况是好的，它为马传贫疫苗的全面推广和使用奠定了基础。在区间注射疫苗的马匹中（8 710匹），注苗后半年内有86匹发病，其中自然死亡34匹，发病率为1%，自然死亡率为0.4%，6个月以后没有死亡的。而经分析后，疫苗的免疫效果与注苗后的时间、注射单位的疫情等有关系。综合分析发现，注苗后出现的少数病死马与疫苗无关，证明了疫苗是安全稳定的。因此，驴白细胞弱毒疫苗进行了后续的大规模全国范围内的免疫。

临汾地区12个公社，包括肇东县青龙种马场、延寿县太平川种马场、讷河县青色草原种马场，以及呼兰县大赵大队等地区单位。注苗前的1975年，据不完全统计，临床发病841匹，自然死亡603匹。而注苗后，只发病75匹，下降了91%；自然死亡34匹，下降更为明显，仅是注苗前的5.5%。经过近2年的区域试验，所有结果证实，马传贫驴白细胞弱毒疫苗对马骡驴是安全稳定的。无论对急性暴发点还是慢性流行点，均收到了显著的控制效果。注苗的农村社队，种马场控制了疫情，而其相邻的未注苗社队，继续暴发死亡，遭受巨大危害。从流行病学上看，不能看出各代疫苗在安全稳定和保护性能方面有区别。但从攻毒结果上看，驴白细胞弱毒疫苗第110～129代保护效果可观，今后可在大面积上推广试用。由于当时马传贫疫情严重，各地农牧民和行政领导积极要求使用马传贫疫苗，所以在1978年和1979年分别在哈尔滨兽医研究所、黑龙江省绥化地区兽医站进行马传贫疫苗的生产。两年分别注射了马传贫疫苗199万头份和336万头份。而在吉林、黑龙江、辽宁、河南、山西5省等马传贫严重疫区进行了连续3年的免疫。上述5省有444个县，1978年年底有819万匹马，1977—1979年注射马传贫疫苗的县266个；注射马传贫疫苗6 159 196匹次，实注马匹397万匹，占存栏马的50%。黑龙江省注苗的31个县，注苗前的1976年有疫点3 052个，因马传贫死亡马11 335匹；而在两次注苗后的1978年疫点数和死亡马匹分别下降到2 140个和6 031匹。吉林省1979年全省普遍注苗，当年马传贫死马5 121匹，比注苗前3年的平均死亡数（9 199匹）减少了44.3%。1979年全省有马传贫疫点2 521个，比注苗前的1978年（9 823匹）减少了74.3%；1978年全省暴发点473个；1979年减少到58个，减少了86.7%。吉林省两年来的大面积注苗实践再次证明马传贫弱毒疫苗是安全有效的。两年间，少死马匹1.2万，使百万匹马得到保护，为国家和农民减少经济损失1 000多万元。

1980年6月农业部在吉林召开了全国马传贫工作会议，全面总结了全国近4年来使用马传贫疫苗的经验和教训，客观地分析了注苗地区马传贫疫情的变化，肯定了马传贫疫苗的安全性和效力。

总的来说，1976年山西、黑龙江、山东、安徽等4省在10个县进行试点，注射疫苗12 476匹。1977年吉林、黑龙江、辽宁、河北、内蒙古、北京、天津、安徽、陕西、河南、山东、山西、江苏13个省（自治区、直辖市）在91个县内进行试点，注苗1 156 245匹。1978年注射范围和头数进一步扩大。1979年吉林省在全省56个县内开展注苗。辽宁省50%的县和山西省30%的县开展了注苗。1983年为全国注苗数量最多的一年，共有13个省（自治区、直辖市）的406个县，免疫注苗13 251 864头匹。1987年以后，一些省对疫情稳定的地方停止注苗或隔年注苗，范围和数量逐年减少。1990年303个县区，注苗2 663 679匹。1976—1990年全国23个发生马传贫的省（自治区、直辖市），除甘肃、宁夏、青海等8个省（自治区、直辖市）开展注苗工作外，其余15个省（自治区、直辖市）的484个县开展了注苗工作，共免疫61 314 496匹次，获得了极为满意的结果。至1990年，全国在马传贫流行地区大面积、高密度、连续注苗，取得了满意的防治效果，全国疫情得到控制，感染率下降，死亡减少，出现了一批控制和稳定控制的县，有效地控制了在我国猖獗流行的马传贫。

2. 马传贫弱毒疫苗在欧美的应用　马传贫驴白细胞弱毒疫苗在我国成功应用后，我国马传贫弱毒疫苗的相关研究引起了国际兽医界的广泛关注。在1983年举办的国际马传贫大会上，我国马传贫弱毒疫苗的研制者沈荣显研究员受邀进行了大会报告，引起了国际上广泛的反响。自此以来，曾先后有美国、阿根廷、墨西哥、厄瓜多尔、古巴、巴拉圭、泰国、巴基斯坦等国派人专程来华考察，或通过外交途径及学术团体等要求引用我国的马传贫疫苗防制马传贫。但受多种原因的限制，我国的马传贫弱毒疫苗并没有在这些国家进行临床应用。

1987年，我国与古巴达成协议，在古巴进行马传贫弱毒疫苗对古巴马的安全与效力试验。鉴于古巴马焦虫的感染率较高，首先进行了马传贫弱毒疫苗对焦虫马的安全性检验。检测结果显示，无论是焦虫感染治疗组还是未治疗组，在注射疫苗后血液中均能检测出焦虫和吞铁细胞，但是临床表现及体温正常，无马传贫特征性症状。抗体检测，其阳转率为95%。证明疫苗对这类马匹是安全的。

1989年，对古巴3个马群进行田间试验，共接种不同年龄、性别的马匹337匹，抗体阳性率为70%～100%，长期观察表现安全与同群未注射疫苗马匹比较，其传贫发病率明显降低。用古巴系马传贫强毒对注苗后28个月的免疫马攻击后，保护效果75%～80%。证明该弱毒疫苗对古巴系马传贫强毒株仍具有较好的免疫力。1991年应古巴要求，将此疫苗在古巴马传贫的流行地区推广应用，共免疫注射了1.5万多匹马，控制效果显著。

第三节 减毒活疫苗免疫保护机制研究进展

尽管马传贫弱毒疫苗在我国20世纪70年代就已研制成功，但是有关马传贫弱毒疫苗是如何打破慢病毒无免疫的理论，实现对机体的免疫保护，哪些特征的免疫原是构成慢病毒免疫保护的主要因素，一直是近些年研究的热点和备受关注的科学问题。

从20世纪90年代开始，我国科研人员开始了对马传贫弱毒疫苗致弱机制和诱导免疫机制的研究。研究主要从以下几个方面开展：① 从EIAV强毒株致弱毒疫苗株这一长期的致弱过程入手，对EIAV致弱过程中100多代次毒的结构基因及非编码区进行测序分析，找出潜在的与毒力变化和免疫保护相关的稳定变异位点。② 分别建立以强毒和弱毒疫苗株为父本的反向遗传操作系统平台，基于强弱毒株间的序列差异，通过在病毒感染性克隆的特定位置引入突变或缺失，或构建嵌合病毒，对突变的生物学效应进行探讨。通过验证病毒基因组序列变化与病毒蛋白功能的关系，在分子水平上对我国EIAV 疫苗株的复制机制、减毒机制和免疫保护机制等予以解释。③ 以我国特有的EIAV强毒株和弱毒株为系统，对比性分析两毒株在诱导机体产生固有免疫应答和获得性免疫应答的特点。通过这三方面的综合评价，探讨我国EIAV弱毒疫苗的致弱及免疫保护机制。

一、EIAV强弱毒株基因组的差异分析对致弱和保护机制研究的提示意义

通过对EIAV强毒株致弱过程中的关键代次毒株（$EIAV_{LN40}$/$EIAV_{DLV34}$/$EIAV_{DLV62}$/$EIAV_{DLV92}$/$EIAV_{DLV121}$）的全基因组测序和比对发现，强毒株在体外的不断传代，伴随着基因组多个基因的突变，包括*env*、*gag*、*pol*、*tat*和*S2*等结构基因和非结构基因。有关EIAV 强弱毒不同基因的具体变异情况在前面章节（第二章第六节）中已有详细阐述，相关内容在本章不再涉及。本章将着重从EIAV强弱毒株体现的突变对病毒复制及毒力的可能影响进行探讨。

1. 现有研究表明，*env*是影响慢病毒疫苗免疫效果的重要因素　有效的慢病毒疫苗必须能诱导机体产生针对*env*保守区的体液免疫和细胞免疫反应。而作为糖基化程度较高的膜蛋白，其糖基化的程度会对诱导的免疫应答产生影响。为此，将不同毒力的EIAV毒株进行比较，发现强毒株$EIAV_{LN40}$的gp90有19～21个糖基化位点（平均20个），驴强毒株$EIAV_{DV117}$是19个糖基化位点，而白细胞弱毒株$EIAV_{DLV121}$有15～18个糖基化位点（平均16.5个），驴胎皮肤细胞弱毒株$EIAV_{FDDV13}$有16～17个糖基化位点（平均17个）。毒力致弱的EIAV毒株在氨基酸193处发生丝氨酸到天冬酰胺（S/N）的替换，使得强毒株共有的糖基化位点（NSSN）在弱毒株均丢失。在237处氨基酸发生的N/K的替换使弱毒株丢失了糖基化位点NNTW。病毒*env*基因变异导致糖基化位点改变是包括EIAV在内的各种慢病毒共性，糖基化位点可以屏蔽免疫表位，特别是中和表位。中国

EIAV弱毒疫苗在V3区和V4区分别缺失了一个糖基化位点，而 V3区是中和抗体的主要靶区域，V3区的糖基化位点对屏蔽PND的中和表位和Th表位起重要作用，同时V3区的构象也易受V4区影响。Laryssa等人的研究指出，V3和V4区在逃避中和抗体有同样的作用，而实际上V4区的变异比V3区的变异对中和耐受的影响更大，V4区的糖基化位点更容易影响V3区中和表位。因此，有研究将弱毒株感染性克隆的相关糖基化位点的突变位点进行回复突变，$EIAV_{FDDV}$的复制特性发生改变，在马体内的复制能力明显提高，可造成感染马EIA临床发病。这提示，EIAV 囊膜上的氨基酸突变及其可能导致潜在的糖基化位点的改变，不但可能与弱毒株的低拷贝复制状态有关，同时也会对诱导的免疫应答产生影响。另外，在研究env编码的穿膜蛋白（gp45）时发现，在随机挑取的30个阳性克隆子中有29个克隆子表现为在病毒*env*基因的第2230核苷酸位点出现G→A的突变。该突变的产生造成$EIAV_{FDDV}$毒株*gp45*基因区提前出现了一个终止密码子TGA，即出现过早停止编码突变。而该突变的出现，造成*gp45*基因对应的TM蛋白的截短。同时发现，这种截短型的*env*基因更有利于病毒的释放，影响病毒的复制（数据未发表）。

2. EIAV强弱毒株的附属基因（*S2*和*S3*）也均存在着稳定的突变　对于*S2*基因，EIAV弱毒株与亲本强毒株$EIAV_{LN40}$间的氨基酸差异高达10.4%，且至少存在着3个非常一致的点突变。*S2*基因作为与病毒体内复制水平密切相关的附属基因，尽管其起作用的机制尚未明确，但是在该基因上引入提前终止密码子后改造出的EIAV病毒$EIAV_{D9}$，在宿主体内的复制水平明显降低。$EIAV_{D9}$也被尝试作为EIAV的疫苗弱毒株用于试验研究，并发现其诱导的免疫应答可完全抵抗同源致病力毒株的攻击。基于此，推测中国EIAV强弱毒株在*S2*基因上的差异与EIAV弱毒株在宿主体内稳定的低拷贝复制状态具有相关性。

3. EIAV的非编码区（LTR）在EIAV强弱毒株间也表现明显差异　结果显示，伴随长期的体外传代过程，EIAV前病毒LTR发生了明显改变。EIAV强毒株（LN40、DV117、21～69代$EIAV_{DLV}$株），LTR长度较稳定且基本一致，而78～100代$EIAV_{DLV}$代次毒LTR长度发生了明显变化，表现在负调节区（NRE）碱基的缺失及个别代次（91代次）序列的插入。而EIAV毒力也是在此相应代次阶段发生了明显的毒力下降变化。初步推测，$EIAV_{DLV}$代次毒（106～118代次）在负调控区（NRE）和增强子区（ENH）区存在的这些一致的碱基插入序列，可能会与某种细胞特异性因子相互作用，抑制EIAV的复制和表达，从而进一步降低EIAV的毒力，所以在疫苗传代过程中，此阶段表现出毒力的进一步下降。但是，将这些在体外传代过程中LTR存在丰富变异的EIAV弱毒疫苗株注入马体后，LTR在体外所表现的差异性发生了趋同的变化，且在感染后的不同时期，其变异也不明显。另外，以强毒LTR置换弱毒LTR而衍生得到的嵌合病毒也并不能对感染马匹致病。由此认为，LTR并不是决定EIAV毒力的主要因素。但是这种LTR的改变对EIAV在马体内复制能力的影响还需进一步验证。

中国EIAV弱毒疫苗的毒力弱化，主要表现为其在宿主体内的低拷贝复制状态和不致病特点。以上基因的突变，从已获得的相关信息看，与弱毒疫苗的毒力弱化是密切相关的。同时，也可以看出EIAV毒力的致弱并不是单独基因的作用，而是多个基因多个突变的累积导致的共同结果。但是这些改变是通过什么方式起作用的？是否还有其他机制在疫苗株毒力弱化过程中起作用，比如说宿主的免疫压力是否在疫苗度的低拷贝存在状态中也起作用？这些重要的科学问题仍不明确。

二、EIAV强弱毒诱导特异性免疫应答的差异分析对免疫保护研究的提示意义

从分子水平研究EIAV弱毒株相对于EIAV强毒株的差异，对于明确疫苗弱毒株的弱化机制是十分必要的。但若想对EIAV弱毒株诱导免疫保护等机制进行探讨，明确EIAV弱毒株诱导的免疫应答的动态过程也是必不可少的。天然免疫应答和特异性免疫应答是构成机体免疫应答的两个重

要部分。由于检测手段和相应试剂的限制，未见有关马传贫免疫评价的报道。而我国在此方面的研究更是相对滞后。随着技术的不断革新，哈尔滨兽医研究所首先建立了多种马属动物免疫评价的相应检测平台，包括体液免疫检测平台、中和抗体检测平台、抗体亲和性检测平台、构象特异性抗体检测平台。细胞免疫指标的检测平台包括EIAV特异性的淋巴细胞增殖试验和INF－γ等细胞因子的胞内染色试验等。同时，又建立了高通量检测细胞因子的方法。应用这些检测平台，可对EIAV强弱毒株诱导的免疫应答进行较为全面的评价。

1. EIAV强弱毒诱导体液免疫应答特点及差异分析　研究结果显示，无论是EIAV 强毒株还是EIAV弱毒株诱导的EIAV特异性抗体，皆表现为从低滴度、低亲和力水平逐渐达到稳定的高滴度、高亲和力水平。与此同时，构象依赖性抗体水平也逐渐升高，即马传贫病毒诱导的特异性免疫应答具有逐渐成熟的特点。而这一现象在SIV、HIV及SIV/HIV研究中也有被发现，在感染后6～10个月内，抗体水平包括抗体滴度、亲和力和构象依赖性等方面均逐渐成熟。

抗体亲和力是免疫成熟的基准，随着抗体对感染抗原的亲和力成熟，即多克隆抗体的亲和力上升，机体的免疫系统逐渐成熟。它是由于抗体形成细胞本身的基因突变和抗原对B细胞克隆的选择性激活形成的，机体的这种功能状态是长期进化和对外界环境不断适应的结果，对机体防御和维持自身免疫监控有着十分重要的意义。抗体亲和力成熟只发生在病毒持续复制的情况下，感染其他病毒或使用治疗性药物都影响亲和力的成熟。但也有试验验证并不是所有免疫保护马均有高亲和力多克隆抗体，抗体亲和力成熟需要抗原持续刺激，一般为6～8个月。多项研究结果表明，弱毒可诱导高亲和力抗体，嵌合疫苗诱导低亲和力抗体，同时两个弱毒诱导的抗体亲和力也不相同，说明两种弱毒在体内的复制水平不同。一种弱毒持续维持低水平复制，可诱导高亲和力抗体；另一种弱毒同嵌合疫苗相似，不能维持低水平病毒复制，因而不能持续刺激机体，抗体亲和力低。另有相似的报道，在SIV弱毒活疫苗、灭活全病毒疫苗、亚单位疫苗对恒河猴感染的研究中，只有弱毒疫苗能刺激产生高亲和力抗体，后两者只产生低亲和力抗体。这些研究暗示高于某个阈值的病毒复制水平和维持持续的病毒抗原递呈对刺激机体产生高亲和力抗体意义重大，这些都说明抗体亲和力成熟需要持续刺激。

抗体的构象依赖性是另一项反应抗体性质及成熟度的重要指标。不同种类的疫苗刺激机体产生的结合抗体在滴度上可能没有区别，但被递呈给机体免疫系统的天然病毒糖蛋白是不同的，会导致诱导机体产生抗体构象依赖性的差异。现有研究结果显示，EIAV弱毒株诱导的抗体在病毒囊膜亲和性和构象依赖性等指标上的成熟速度都要明显快于EIAV强毒株。而且EIAV 弱毒株诱导的抗体主要表现为构象依赖性抗体。EIAV强毒株诱导的抗体则主要为线性依赖性抗体。两毒株间具有较为显著差异。抗体构象依赖性的变化说明了机体免疫系统逐渐成熟的特征，而这种变化是由于病毒与靶细胞结合过程中抗原表位逐渐暴露，免疫系统识别不同抗原表位形成的。结果提示，EIAV弱毒株感染机体时，与EIAV强毒株病毒糖蛋白的递呈方式具有差异性。在感染细胞表面呈现的病毒糖蛋白是以低聚体的形式递呈给机体免疫系统。

中和抗体是否是EIAV免疫保护的重要因素一直存有争议。早在20世纪70年代，日本学者Kono就提出中和抗体是EIAV免疫机制中的一部分，而在短尾猴中也观察到抗SIV感染的回忆性中和抗体反应。中和抗体能否抵抗病毒感染争论的关键是中和抗体出现的时间较晚。EIAV感染马在感染后的2～3个月才可以检测到中和抗体，而此时，EIAV感染马的病毒血症早已结束。随后，EIAV感染马的中和抗体水平在感染4个月后出现上升趋势，但在各个EIAV感染马间表现为明显的个体差异。也就是说，中和抗体滴度和EIAV感染马疾病的临床进程没有相关性。另外，相关的研究数据显示，EIAV 弱毒疫苗株诱导产生的中和抗体无论在产生时间上还是诱导的中和抗体滴度上都显著高于EIAV 强毒株诱导的中和抗体滴度。但是疫苗免疫保护的马匹和疫苗免疫未保护的马匹中和抗体之间却未见显著性差别。这提示单纯的中和抗体并不能构成慢病毒免疫保护的因素。

通过这些研究可见，与其他病毒相比慢病毒诱导的体液免疫需较长时间才能达到成熟，分析可能的原因如下：① 病毒本身的某些成分对机体产生免疫抑制的作用，因此能干扰免疫成熟。② 抗原变异影响识别它的B细胞表位，使相同的抗原表位不能持续刺激机体免疫系统，因此阻止了高亲和力抗体的形成，干扰了免疫成熟。③ 表面复杂的糖基化位点可能与Env抗体成熟慢有关，但无糖基化位点的p26正好反驳了这种假想。因此推测，慢病毒感染产生的复合物及细胞嗜性与免疫成熟有关。④ 慢病毒进化中“秘密抗原”躲避或拖延机体的免疫清除，在感染早期，拖延的免疫成熟与早期慢病毒不被识别有关，感染早期低亲和力抗体通过抗体介导的增强作用提高病毒复制水平，增强型抗SIV、HIV抗体在感染早期阶段可以被检测。

EIAV弱毒疫苗株和强毒株诱导机体产生抗体的时间、水平和性质存在明显差别，这些差别在病毒感染早期即显现，其中中和抗体和构象依赖性囊膜蛋白抗体的差别，可能是反应EIAV弱毒疫苗诱导保护性免疫的主要因素之一。

2. EIAV强弱毒株诱导细胞免疫应答特点及差异分析　EIAV基因组快速变异的特点导致抗原快速变异，且不能被对先前变异株诱导的特异性中和抗体所中和。此特点限制了EIAV中和抗体的效力。多项研究也证实CTL介导的细胞免疫作用可能在慢病毒的控制中起到很重要的作用。经过免疫抑制剂处理的隐性带毒马又会出现血浆病毒血症，表现典型的EIAV临床症状，因此进一步表明CTL在病毒控制中的重要作用。2008年，林跃智等对比性地分析了EIAV 强毒株和弱毒疫苗株诱导的病毒特异性细胞免疫应答的特点，包括病毒特异性增殖能力和IFN－γ的表达水平。其研究结果主要有以下发现：① 疫苗免疫马和强毒感染马都诱导出病毒特异性的$CD4^+$T和$CD8^+$T淋巴细胞的增殖。并且，$CD4^+$T淋巴细胞是增殖发生的主要免疫细胞。② 免疫组和强毒感染组在诱导产生病毒特异性增殖的时间和强度上存在差别。免疫组在免疫后1～2个月就可以检测到病毒特异性的淋巴细胞增殖。而强毒隐性感染马病毒特异性增殖在感染后（2～3个月）才可被检测到。强毒感染发病马在发病期间几乎没有诱导病毒特异性T淋巴细胞的增殖。3个月后疫苗免疫马与隐性感染马$CD4^+$T淋巴细胞增殖水平上存在明显差异（$P<0.01$）。$CD8^+$T淋巴细胞与$CD4^+$T淋巴细胞在两实验组中具有较为一致的增殖趋势。③ 在初始免疫后能较早诱导病毒特异性增殖，且免疫期保持较高增殖活性的疫苗免疫马攻毒后完全保护。而诱导增殖水平较低、增殖时间较为延迟的强毒隐性感染马则不能抵抗强毒株的再次攻击，出现典型的马传贫临床症状。④ 尽管$CD8^+$T淋巴细胞不是增殖发生的主要免疫细胞，但无论是疫苗免疫马还是强毒隐性感染马的$CD8^+$T淋巴细胞，均表现为与$CD4^+$T淋巴细胞相似的增殖时相。上述的研究结果提示，初次应答时病毒特异性$CD4^+$T淋巴细胞的增殖反应在慢病毒感染中具有重要作用。李红梅在2004年通过同位素法对马传贫免疫机制的研究中也证实了T淋巴细胞增殖程度与疫苗免疫保护呈正相关。而该项研究结果进一步证实了T淋巴细胞（$CD4^+$T）增殖产生的时间和程度对于能否获得有效的免疫保护至关重要。另外，在慢病毒感染的初次应答中，$CD4^+$T淋巴细胞对于免疫记忆的形成和$CD8^+$T淋巴细胞效应功能的发挥具有重要作用。但是，在再次应答阶段$CD4^+$T淋巴细胞的作用及其影响还有待于进一步研究。

已有研究发现，高水平病毒特异性淋巴细胞增殖和CTL反应在长期隐性携带马体中持续存在，并与持久抑制病毒复制的细胞免疫反应的实质作用相一致。在HIV和SIV的研究中也证实，在感染的过程中，通过维持$CD4^+$ T淋巴细胞循环水平而保证黏膜$CD4^+$T淋巴细胞数量的阈值（正常水平的5%～10%）的个体，尽管存在临床感染机会，但仍可以维持免疫系统的功能，而不能维持$CD4^+$T淋巴细胞数量的恒河猴很快发生成AIDS。这些数据表明，SIV长期感染中，可以刺激$CD4^+$T淋巴细胞的循环，从而保证持续感染中稳定的靶细胞水平。另有试验证明，在感染早期，$CD4^+$T淋巴细胞数量一个极其微小的提高都会显著影响后期疾病的进展。尽管马传贫的靶细胞不是$CD4^+$T淋巴细胞，但该研究结果提示，注射初期，机体$CD4^+$T淋巴细胞的数量和功能与记忆性细胞的形成和疫苗免疫保护具有相关性。最近多个试验证实，在初次应答阶段CD4^{+}T淋巴细胞的作用至关重要，这一阶段缺失CD4^{+}T淋巴细胞会导致CD8^{+}T记忆性细胞对再次感染的反应强度大大降低，即使此时补充CD4^{+}T淋巴细胞也不能使免疫反应得到增强。

IFN－γ主要由活化的CD4^{+}T淋巴细胞和几乎所有的CD8^{+}T淋巴细胞产生，具有与I型干扰素相同的抗病毒活性，但IFN－γ最重要的功能是参与免疫调节。因此，不同T细胞亚型病毒特异性IFN－γ的表达可以代表致病源或疫苗诱导产生的免疫应答水平。林等的研究也对EIAV免疫马、EIAV隐性感染马和EIAV急性感染马表达IFN－γ的CD4^{+}T和CD8^{+}T淋巴细胞进行了动态比较。结果显示：① 表达病毒特异性IFN－γ的细胞主要是以CD8^{+}T淋巴细胞为主。EIAV免疫马在接种疫苗2周时，就可以检测到较高水平表达IFN－γ的CD8^{+}T淋巴细胞，3/4免疫马在接种4周时表达IFN－γ的CD8^{+}T淋巴细胞达到了最高峰，随后呈现下降的趋势。直至3个月左右，表达IFN－γ的CD8^{+}T淋巴细胞比例略有回升，并保持在一个较稳定的水平。而EIAV急性感染的个体表达IFN－γ的T淋巴细胞比例显著降低。② 攻毒后，能够完全保护的马匹表达IFN－γ的CD8^{+}T淋巴细胞比例有一个明显上升，随后呈现下降的趋势。而不完全保护的马在攻毒后表达IFN－γ的CD8^{+}T淋巴细胞比例则持续减少。③ 表达IFN－γ的CD4^{+}T淋巴细胞与表达IFN－γ的CD8^{+}T淋巴细胞的变化时相不同。表达IFN－γ的CD4^{+}T淋巴细胞在接种初期水平较低，随着免疫期的延长（约3个月），表达IFN－γ的CD4^{+}T淋巴细胞逐渐上升。④ 隐性感染马诱导表达IFN－γ的不同T淋巴细胞的变化趋势与疫苗免疫马的变化时相类似，但是表现为表达水平和进入平台期的延迟。

疫苗免疫马在3个月左右IFN－γ的表达水平进入了较稳定的平台期，预示机体免疫成熟的状态。巨噬细胞是EIAV感染的靶细胞，IFN－γ是很强的巨噬细胞激活剂，可充分活化巨噬细胞执行杀伤功能，从而控制病毒血症的发生；IFN－γ又能显著增加抗原递呈细胞表达MHC－Ⅰ类和Ⅱ类分子，因而可辅助增强细胞毒T淋巴细胞（CTL）产生的能力。这可能是IFN－γ在EIAV感染中发挥免疫调节和抗病毒作用的主要机制。因此，IFN－γ可能既是促进$CD8^{+}$T淋巴细胞发挥CTL作用的刺激分子又是抗病毒感染的效应分子。综合上述研究结果，表明高水平的IFN－γ在调节保护性免疫应答及控制病毒血症中发挥了重要作用。

通过对EIAV疫苗株和强毒株诱导免疫应答特点的分析和比较，证实EIAV弱毒株较强毒株能够更快速有效地诱导马体产生高水平的特异性$CD4^{+}$T淋巴细胞和$CD8^{+}$T淋巴细胞的记忆应答，且免疫成熟的时间要早于强毒隐性感染马。尽管目前的研究结果还未完全揭示参与EIAV弱毒疫苗免疫保护的相关因素，但是现有数据显示，感染早期对免疫系统的有效激活及随后免疫系统的逐渐成熟是EIAV弱毒疫苗能对强毒株的攻击产生有效保护的重要条件。

3. EIAV强弱毒诱导多种重要细胞因子和趋化因子的分析　病原通过抗原识别模式激活免疫通路，释放大量的细胞因子和趋化因子。一方面执行相应的免疫功能，另一方面参与特异性免疫激活。因此，对其评价更能有效地了解病原诱导的免疫应答的特征，促进对慢病毒免疫保护的进一步认知。由于相关试剂和检测方法的缺乏，这方面的研究一直未见报道。

2010年，曹学智等利用分支链DNA（branched－chain DNA）技术检测并分析EIAV强毒株和弱毒株诱导马单核巨噬细胞（eMDM）产生Th1、Th2、Th3型细胞因子和趋化因子表达水平的变化。在Th1型细胞因子的比较中发现，EIAV强毒株和弱毒疫苗株都一致性地上调IL－12α和IFN－γ。对于IL－4，EIAV强毒株一直表现上调趋势，而EIAV疫苗株则先上调随后迅速下降。在正常人体内，Th1/Th2 细胞分泌的细胞因子保持着动态平衡，如果这一平衡发生漂移，就会导致疾病的发生。在AIDS的研究中发现，HIV－1感染早期，血浆中的细胞因子以Th1型细胞因子为主，随着病程进展至中晚期，以Th2型细胞因子占优势，HIV病毒感染后在HIV感染者向AIDS的发展进程中存在着Th1细胞因子IFN－γ表达降低及Th2 细胞因子IL－4表达上升的趋势。而在EIAV强毒株中，我们也看到了HIV－1感染者中类似的Th1/Th2的转换过程，因此推测，这一现象与EIAV强毒株的致病性有关。

在Th17型细胞因子和趋化因子表达水平的比较中发现，EIAV强毒株和弱毒疫苗株一致性地上调IL－1α，但EIAV弱毒疫苗株上调IL－1α的水平极显著大于EIAV强毒株。同时，只有EIAV弱毒疫苗株上调IL－1β的表达。尽管，EIAV强毒株和EIAV弱毒疫苗株都上调IL－8、MCP－1、MCP－2、MIP－1α和MIP－1β这些趋化因子，但是EIAV强毒株上调的水平要显著大于EIAV弱毒疫苗株。国外研究人员曾对EIAV弱毒株（EIAV19）和将强毒株（$EIAV_{Wyoming}$）的LTR、env序列替换到EIAV19形成的嵌合病毒（ELAV17）体外诱导eMDM细胞表达的细胞因子进行比较，发现强毒株能够显著性地上调IL－1α、IL－1β、IL－6和TNF－α，而弱毒诱导的细胞因子的表达水平则与未接毒的对照细胞表达水平一致，由此推断强毒株高效诱导趋化因子的表达与EIAV的致病性相关。

此项研究结果也提示EIAV弱毒疫苗株诱导Th17型细胞因子的能力似乎要强于EIAV强毒株，然而由于马属动物分子免疫学方面研究的滞后，此研究并没对另外两个重要的成员IL－17和IL－23进行研究，所以无法全面评价两种病毒在诱导Th17型细胞因子引发炎症反应的能力，但随着马属动物分子免疫学的发展，这也许是以后需要完善的方面。在对EIAV的*S2*基因诱导eMDM细胞炎症因子和趋化因子表达水平的研究中也发现，强毒EIAV17比缺失了*S2*基因的弱毒EIAV17ΔS2诱导趋化因子IL－8、MCP－2、MIP－1β和IP－10的能力更强，从而推断*S2*基因导致的趋化因子失调与EIAV的致病性和促进病毒复制与释放有关。综合上述研究结果，EIAV强毒株较EIAV弱毒株诱导出更高水平的MCP－1、MCP－2、MIP－1α和MIP－1β等重要的趋化因子，可能会导致体内的炎症反应过强，对相应器官造成损伤，不利于免疫系统的有效恢复，进一步导致强毒株感染马的快速发病。当然，这一推测还需要增加体内数据进一步证实。

第四节　EIAV减毒活疫苗对其他慢病毒疫苗研究的启示

由于慢病毒基因组高度变异和与基因组整合的特性限制了慢病毒疫苗的研究，至今为止，以人类艾滋病病毒（HIV-1）为代表的逆转录病毒科慢病毒属病毒疫苗的开发和相关免疫学研究仍是有待克服的难题。以往疫苗的研发策略以诱导机体产生阻断病毒进入靶细胞的中和抗体为主，这些抗体通过与病毒表面的膜蛋白结合，防止病毒的感染。然而，慢病毒的基因高度变异性和体内存在的免疫压力导致病毒抗原持续漂移。这些不断自我更新的压力性变异，直接影响到特异性中和抗体的拮抗效价，即已经产生的抗体不再具有识别压力依赖性逃避型病毒准株（quasispices）的能力。如2003年VaxGen的重组HIV-1膜蛋白gp120疫苗AIDSVax的无效表现。以T淋巴细胞为主的细胞免疫系统可以识别慢病毒较为保守的病毒内部衣壳蛋白和酶在细胞内加工后被提呈的多肽，与多种免疫识别位点反应。细胞免疫清除被感染细胞内的病毒，但不能控制细胞外的成熟变异病毒，而这些逃逸的突变个体，将再次攻击宿主的免疫系统。2007年，美国Merck制药公司以诱导T细胞免疫为主的HIV-1疫苗STEP Ⅲ期临床试验失败，表明单纯T细胞免疫策略仍不能诱导对HIV-1感染的保护，需要对HIV-1疫苗研究理论和策略进行修改和完善，并进行更多的相关基础研究。对参与慢病毒免疫保护的主要因素及能够诱导有效保护的免疫原的认知，是目前慢病毒疫苗需解决的关键问题。

EIAV与HIV-1同属逆转录病毒科慢病毒属，两者具有相似的基因组结构、蛋白种类和功能，以及感染和复制方式。EIAV感染的马属动物是HIV-1研究的良好动物模型。我国的 EIAV疫苗已克服慢病毒抗原高度变异、免疫原性差和抗原漂移的难点，是目前唯一能较有效诱导对异源毒株感染保护的慢病毒疫苗。虽然基因组高度变异性和与宿主染色体整合特性使得慢病毒疫苗不能简单地采用弱毒活疫苗形式，但EIAV中国弱毒疫苗作用机制的阐明将为包括HIV-1在内的慢病毒免疫理论研究提供借鉴，其研究系统可以作为非人灵长类等其他动物模型的补充，对疫苗开发策略和保护性免疫关键因素的探讨及验证提供独特参照。

根据近几年来对中国马传贫驴白细胞弱毒疫苗和强毒株基因组变异、毒力致弱机制及诱导免疫应答等三方面的差异性分析，推测以下几点是EIAV弱毒疫苗株获得毒力减弱并能够诱导机体产生免疫保护的部分原因。

（1）强毒株在体外不断传代的过程中，疫苗株存在多基因多位点的稳定突变，而这些突变可能是毒力弱化和决定其安全性的主要因素。

（2）疫苗株基因组较强毒株基因组表现为更多的基因多态性。另外，疫苗株进入体内后同强毒株一样是不断进化的。而在疫苗株在体内的进化过程中也会有强毒株样序列的出现，推测这能针对更多的免疫表位产生免疫记忆、针对强毒株的攻击产生有效抵抗。

（3）减毒后的疫苗株能够诱导明显不同于致病性毒株诱导的体液和细胞免疫应答，其中细胞免疫应答显示对感染保护更重要。此外，推测疫苗株的细胞毒性和对细胞因子及受体表达的调控特性是影响疫苗株免疫应答能力的重要因素。

尽管出于安全性原因，弱毒疫苗不能应用于人类免疫缺陷病毒（HIV-1），但是基于上述大量的研究结果所获得的重要科学信息，可为其他慢病毒疫苗包括HIV-1的研究提供独一无二的参考。在疫苗设计时可予以考虑。

免疫原的多态性：EIAV驴白细胞弱毒疫苗的相关研究结果提示，免疫原在初始免疫时和整个免疫成熟过程中的多态性是其能够克服病原快速变异，从而诱导免疫保护的关键因素。已有的研究报道显示，单一基因组构成的弱毒疫苗感染性克隆诱导的免疫保护效果，显著低于多样性基因组构成的多准种（multi-species）弱毒疫苗株。这提示即便是可以在体内复制和进化的弱毒疫苗株，免疫初始阶段的免疫原广谱性依然为诱导保护性免疫所必需。目前，在HIV-1疫苗的研究中也采用了“马赛克”的方式合成针对中和表位的多肽疫苗，该疫苗能更有效地诱导机体产生中和抗体。其他的多项研究也证实用含有多种免疫原的疫苗要比单一的免疫原具有更好的免疫优势。可见，多价免疫原可诱导超出免疫原构成范围的广谱免疫保护。尽管该机制并不明确，但一般认为多种免疫原的叠加可能会在构象上增加与异质毒株的相近程度，而单一的免疫原则不能做到这点。因此，针对HIV-1这类抗原快速变异的病原，在进行疫苗设计时要考虑在初始免疫时和整个免疫成熟过程中免疫原多态性构成的必要性。

病毒的体内进化：王雪峰等在对EIAV 弱毒疫苗体内序列的分析发现，EIAV弱毒疫苗株在进入体内后，仍发生了重要病毒抗原氨基酸的变异。特别是决定病毒免疫原性的主要蛋白*gp90*的某些氨基酸序列发生改变，尤其是部分抗原表位的氨基酸序列在一定时间内突变成为强毒株特异性序列。因此，推测这些氨基酸序列的改变增加了gp90抗原表位的多样性，增宽和增强了机体已产生的免疫应答，特别是产生了针对强毒株在体内进化中可能出现新抗原表位的免疫应答，从而阻止强毒株的免疫逃逸，最后清除侵入的强毒株感染。因此，推测病毒体内的持续性进化也是慢病毒能有效抵抗强毒株攻击的原因。

细胞免疫和中和抗体在免疫保护中的协同作用：在慢病毒疫苗的研究史上，对于中和抗体和细胞免疫应答在慢病毒免疫保护中的作用一直处于不断的争论中，所获得的研究结果也各有不同。究其主要原因是目前还没有能够在非人灵长类动物（NHP）中对异源SIV及SHIV完全保护的疫苗。因此，对这些疫苗的评价结果并不能真实反映构成慢病毒免疫保护的关键因素。而通过对EIAV慢病毒疫苗的中和抗体和细胞免疫的评价发现，细胞免疫在慢病毒免疫保护中具有重要作用。在本项研究中，尽管中和抗体在EIAV弱毒疫苗免疫保护的马匹和未保护的马匹中未显示差异性，但是EIAV弱毒疫苗免疫马与EIAV强毒感染马在诱导中和抗体的能力上差异显著。因此，推测中和抗体在EIAV弱毒疫苗免疫保护中扮演辅助细胞免疫应答的作用，仍是慢病毒免疫保护应考虑的因素。因此，在慢病毒疫苗的构建及评价中，不应将这两方面分割，要考虑其协同作用。另外，如何在感染早期充分诱导机体产生有效的免疫应答（固有免疫和获得性免疫），对于机体抵抗病毒感染及建立有效的免疫记忆至关重要，是疫苗设计及评价中应考虑的关键问题。

参考文献

曹学智 .2010. 分支链 DNA 技术在慢病毒疫苗诱导的免疫中的应用 [D]. 北京：中国农业科学院 .

李红梅 .2004. 马传染性贫血病驴白细胞弱毒疫苗细胞免疫机理的研究 [D]. 北京：中国农业科学院 .

林跃智 .2008. 马传染性贫血弱毒疫苗诱导的细胞免疫应答与疫苗免疫保护的相关性研究 [D]. 哈尔滨：东北农业大学 .

马建 . 2008. EIAV 疫苗株 gp90 基因的多克隆构成和体内进化与免疫保护的相关性 [D]. 北京：中国农业科学院 .

王雪峰 . 2007. 中国马传染性贫血病毒驴强毒株与驴白细胞弱毒疫苗株前病毒全基因组序列分析 [D]. 呼和浩特：内蒙古农业大学 .

王雪峰 . 2011. 马传染性贫血病毒弱毒疫苗致弱过程病毒基因的进化研究 [D]. 呼和浩特：内蒙古农业大学 .

朱振营 .2009.EIAV 弱毒疫苗株和强毒株诱导的特异性体液免疫应答差别 [D]. 北京：中国农业科学院 .

BOSINGER S E,JACQUELIN B,BENECKE,et al.2012.Systems biology of natural simian immunodeficiency virus infections[J].Curr Opin HIV AIDS,7: 71–78.

CASIMIRO D R,WANG F,SCHLEIF W A,et al.2005. Attenuation of simian immunodeficiency virus SIVmac239 infection by prophylactic immunization with dna and recombinant adenoviral vaccine vectors expressing Gag[J]. J Virol,79: 15547–15555.

CRAIGO J K,MONTELARO R D.2011.Equine infectious anemia virus infection and immunity: lessons for AIDS vaccine development[J]. Future Virol, 6: 139–142.

CRAIGO J K,ZHANG B,BARNES S, et al.2007.Envelope variation as a primary determinant of lentiviral vaccine efficacy[J]. Proc Natl Acad Sci USA,104: 15105–15110.

ENTERPRISE T C.o.t.G H V. 2010. The 2010 scientific strategic plan of the Global HIV–1 Vaccine

Enterprise[J].Nat Med,16: 981–989.

FISCHER W,PERKINS S,THEILER J,et al. 2007. Polyvalent vaccines for optimal coverage of potential T-cell epitopes in global HIV-I variants[J]. Nat Med,13: 100–106.

GALEN J E,WANG J Y, CHINCHILLA M, et al. 2010. A new generation of stable, nonantibiotic, low-copy-number plasmids improves immune responses to foreign antigens in Sahnonella enterica serovar Typhi live vectors[J]. Infect Immun,78: 337–347.

GIRARD M P, PLOTKIN S A.2012.HIV vaccine development at the turn of the 21st century[J]. Curr Opin HIV AIDS,7: 4–9.

KOFF W C.2011.HIV vaccine development: Challenges and opportunities towards solving the HIV vaccine-neutralizing antibody problem[J]. Vaccine[Epub ahead of print].

LEROUX C,CADORE J L, MONTELARO R C. 2004. Equine Infectious Anemia Virus(EIAV): what has HIV-1' s country cousin got to tell us[J]. Vet Res,35: 485–512.

LI N,ZHAO J J,ZHAO H P,et al.2007.Protection of pigs from lethal challenge by a DNA vaccine based on an alphavirus replicon expressing the E2 glycoprotein of classical swine fever virus[J].J Virol Methods,144: 73–78.

LIN Y Z,SHEN R X,ZHU Z Y,et al.2011. An attenuated EIAV vaccine strain induces significantly different immune responses from its pathogenic parental strain although with similar in vivo replication pattern[J]. Antivir Res,92: 292–304.

LIU J,O'BRIEN K L,LYNCH D M,et al. 2009.Immune control of all SIV challenge by a T-cell-based vaccine in rhesus monkeys[J].Nature,457: 87–91.

LIU M A.2010. Immunologic basis of vaccine vectors[J]. Immunity,33: 504–515.

LIU M A,WAHREN B,KARLSSON HEDESTAM G B.2006.DNA vaccines: recent developments and future possibilities[J].Hum Gene Ther,17: 1051–1061.

LU S,GRIMES SERRANO J M,WANG S. 2010.Polyvalent AIDS vaccines[J].Curr HIV-1 Res, 8: 622–629.

MA J,SHI N,JIANG C G,et al. 2010.A proviral derivative from a reference attenuated EIAV vaccine strain failed to elicit protective immunity[J]. Virol,41: 96–106.

MCELRATH M J, 2010.Immune responses to HIV-1 vaccines and potential impact on control of acute HIV-1 infection[J]. J Infect Dis202 Suppl,2: S323–326.

MCELRATH M J,HAYNES B F.2010. Induction of immunity to human immunodeficiency virus type-1 by vaccination[J].Immunity,33: 542–554.

NAKAYA H I,PULENDRAN B.2012.Systems vaccinology: its promise and challenge for HIV vaccine development[J]. Curt Opin HIV AIDS,7: 24–31.

PARIS R M,KIM J H,et al. 2010. Prime-boost immunization with poxvirus or adenovirus vectors as a strategy to develop a protective vaccine for HIV-1[J]. Expert Rev Vaccines, 9: 1055–1069.

PAUL S,PLANQUE S,NISHIYAMA Y,et al.2010. Back to the future: covalent epitope-based HIV-1 vaccine development[J].Expert Rev Vaccines, 9: 1027–1043.

QI X,WANG X,WANG S,et al.2010.Genomic analysis of all effective lentiviral vaccine-attenuated equine infectious anemia virus vaccine EIAV FDDV13[J]. Virus Genes,41: 86–98.

QUETGLAS J I,RUIZ-GUILLEN M,ARANDA A,et al.2010.Alphavirus vectors for cancer therapy[J].Virus Res,153: 179–196.

REYNOLDS M R,WEILER,et al. 2008.Macaques vaccinated with live–attenuated SIV control replication of heterologous virus[J]. J Exp Med,205: 2537–2550.

SEKALY R P.2008.The failed HIV-1 Merck vaccine study: a step back or a launching point for future vaccine development[J].J Exp Med,205: 7–12.

SIZEMORE D R,BRANSTROM A A,SADOFF J C.1995. Attenuated Shigella as a DNA delivery vehicle for DNA-mediated immunization[J]. Science,270: 299–302.

SUN Y, LI N,LI H Y,et al.2010.Enhanced immunity against classical swine fever in pigs induced by prime-boost immunization using an alphavirus replicon-vectored DNA vaccine and a recombinant adenovirus[J].Vet Immunol Immunopathol,137: 20–27.

SUN Y,LI H Y, ZHANG X J,et al.2011. A novel alphavirus replicon-vectored vaccine delivered by adenovirus induces sterile immunity against classical swine fever[J].Vaccine,29: 8364–8372.

SUN Y,LI H Y, ZHANG X J,et al.2011. Comparison of the protective efficacy of recombinant adenoviruses against classical swine fever[J]. Immunol Lett,135: 43–49.

VACCARI M, POONAM P, FRANCHINI G.2010.Phase Ⅲ HIV-1 vaccine trial in Thailand: a step toward a protective vaccine for HIV-1[J]. Expert Rev Vaccines,9: 997–1005.

WEI X,DECKER J M,WANG S, et al. 2003.Antibody neutralization and escape by HIV-1[J]. Nature,422: 307–312.

ZAK D E,ADEREM A.2012.Overcoming limitations in the systems vaccinology approach: a pathway for accelerated HIV vaccine development[J].Curr Opin HIV AIDS, 7: 58–63.

ZOLLA-PAZNER S.2004.Ldentifying epitopes of HIV-1 that induce protective antibodies[J]. Nat Rev Immunol, 4: 199–210.

第七章

我国 EIA 的防控、成就及经验

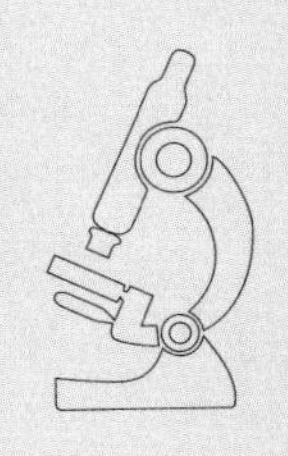

第一节 EIA 防控的基本策略

遵循动物疫病防控的基本原则，并结合EIA自身的特点，EIA防控需采用包括加强监测与管理、科学检疫与扑杀在内的综合策略。

一、加强管理

加强对马匹的科学管理，做好日常饲养，提高马匹抗病能力。防止健康马群与病马接触，切断传播途径，做到不随意借马、换马；放牧区域要相对固定，自家健康马群不与其他马群混养、混喂、混舍。搞好饲养环境卫生，改善防疫条件，驱灭蚊虫，防止叮咬。可用80%的敌敌畏1：700 稀释液、1%敌百虫液等进行驱灭。在蚊虫多发季节，可在夜间或清晨放牧。

二、定期检疫

（1）对运出牧场的马匹在调出牧场前一个月内进行琼脂凝胶免疫扩散试验（AGID）检查。对反应阳性马进行隔离，并采取进一步措施进行确诊，如临床和血清学检验。确诊感染阳性马应予以扑杀。

（2）非疫区的马匹每年春秋两季各进行一次血清学检查。受威胁地区的马。匹每年春秋两季各做两次血清学检查，每次间隔30d。暴发地区的马匹每隔1个月进行一次血清学检查，直到再无新病例发生为止，并进行临床综合诊断。从非疫区调入的马匹进行一次血清学检查，反应为阴性者才可调入。

三、封锁与净化

疫情暴发后划定疫区，并立即对疫区进行封锁，禁止马匹的进出。在疫区内限定马匹活动范围，避免接触其他马匹。确诊EIAV感染病马必须对其进行扑杀，尸体在焚烧后进行深埋处理，病马污染的场所和用具等必须严格消毒。疫区内的最后一匹病马经扑杀，同时经过连续 3 次血清学检查（每次间隔 1 个月），结果都为阴性才可以解除封锁。

此外，为减少马匹感染EIA的风险，马主可采取以下措施进行防范：① 使用一次性注射器和针头，每匹马用一个针头；② 所有工具在每次使用后进行清洗；③ 保持马厩清洁，排水良好，及时处理粪便和食物残渣；④ 使用杀虫剂或者采取其他杀虫措施，减少昆虫；⑤ 病马和健康马不混养，不饲养EIAV阳性马；⑥ 隔离新引进的马、骡、驴，直到EIA检测为阴性。

我国 EIA 防控历史及现状

一、我国EIA防控历史

我国最早在1954年从苏联引进的种马中发现马传贫，至今已60多年。这60多年里，在各级政府管理部门的高度重视和领导下，经过畜牧兽医科技人员的长期不懈努力及广大人民群众的密切配合，全国马传贫疫情得到了稳定控制。我国马传贫的防控历程，与兽医科技的发展密切相关。而伴随对马传贫认识的逐步深入，疫病防控技术手段的逐步提高，我国马传贫防控工作不断推进，可大体分为四个阶段，即基于临床综合诊断技术开展马传贫防控，基于特异性诊断技术进行马传贫防控，基于疫苗免疫接种进行综合防控，以及停止免疫、严格落实检疫扑杀并全面进行考核验收。以下将对我国EIA的防控史分阶段进行简要回顾。

（一）1954—1973年，以综合诊断技术进行EIA检疫并开展EIA防控的阶段

从1954年发生马传贫至1973年间，我国在马传贫防制工作方面，以综合诊断方法为主要技术手段，建立了“养、检、隔、封、消、处”六字综合性防制措施。其要点是尽量减少疫情的扩散，对用临床综合诊断方法检出的病马，坚决予以扑杀或隔离。

1954年，我国在从苏联引进的种马中发现了马传贫病马。1955年，中国和苏联兽医专家经科学试验定性后，对病马进行全部扑杀。1959—1961年，马传贫在我国东北三省部分地区发生第一次暴发流行。这期间，中国农业科学院程绍迥副院长带领科技人员两次到东北进行调查研究。据调查，黑龙江省有19个县（市）、吉林省有20个县（市）有马传贫发生。1961年1月农业部印发了“苏联防制马传染性贫血症的措施”（1955年5月6日苏联农业部兽医总局批准），以此作为我国马传贫防制的参考。1961年2月，在东北地区农业工作会议上，把马传贫防制列为重点工作。1961年7月召开了东北地区马传贫研究工作会议，1961年11月召开第二次会议，在总结经验的基础上，制定了马传贫检疫标准、技术操作规程和防治措施草案，规定马传贫的判定程序，同时制订了1962年马传贫研究计划（草案）和协作方案，成立了马传贫防治研究工作组，由程绍迥任组长，胡祥壁、罗仲愚任副组长。会议要求各有关省、市、地、县、乡成立相应的技术领导小组或技术核心小组，指导马传贫防

制工作的开展。1962年，农业部、财政部、工商行政管理局和供销合作总社下发文件，要求加强运输检疫，防止马传贫疫情扩散，搞好牲畜的调剂工作。同年中国农业科学院哈尔滨兽医研究所根据中国农业科学院的指示精神，制订了马传贫防制的十年计划。计划中提出，在未来十年里我国马传贫的防制工作应主要从流行病学、免疫、诊断和防制方法等四个方面进行研究。在该病发生地区，要研究适合于我国现地具体情况的有效综合性防制技术措施。1963年4月，东北局农业委员会召开了马匹两大疫病防治工作会议，对1960—1962年东北马传贫流行的严重局面进行分析之后做出决定："全东北地区统一行动，采取坚决措施和断然处理的办法，争取在不太长时间内控制住疫病的传播蔓延；对媒介的蚊虻等吸血昆虫还不能完全消灭，只能从集中隔离和杀掉两个办法研究控制措施；对重点疫区坚决进行封锁和隔离，能使役的使役，无使役价值的杀掉。非重点疫区零星发现的全部杀掉"。同年，国务院批转了东北局农业委员会这一会议的纪要，为进一步摸清马传贫疫情和防制工作中的问题确定了马传贫防制样板点。同时，东北三省组织技术人员到马传贫疫区进行调查研究和指导面上的马传贫检疫和扑杀病马工作，并建立了省、地、县各级马传贫防疫队，增加了防疫人员及防疫经费。1963—1965年扑杀马传贫病马2.6万多匹，对消灭马传贫疫源和控制疫情的发展起了显著作用。实践表明："定期检疫、隔离病畜和疑似病畜、扑杀病马、封锁疫区"的综合防制措施，取得了一定效果。东北地区的疫情由迅速蔓延转向有所控制，由集中暴发转向零星散发；病情多由急性、亚急性转为慢性；老疫区疫情逐渐稳定。

经过几年马传贫防制工作的实践和科学研究，建立系统、完整的综合防制措施的时机已经成熟。为此，农业部于1963年抽调辽宁、吉林、黑龙江、内蒙古农业畜牧厅和有关检疫技术人员组成了马传贫防制规程起草工作组，着手负责起草"马传染性贫血病检疫试行规程"。1965年，"全国农业科学实验工作会议"上决定，由农业部成立马传贫领导小组，集中力量打一个马传贫研究工作的歼灭战。此后，连续召开了多次"马传贫研究工作座谈会”，包括“辽宁、吉林、黑龙江和内蒙古四省（自治区）农业（畜牧）厅长会”“中兽医防治马传贫研究工作座谈会”和“马传贫检疫规程起草工作座谈会”等，并制订了马传贫研究工作五年计划。1965年，农业部集中辽宁、吉林、黑龙江、内蒙古和中国农业科学院哈尔滨兽医研究所等地区和单位的研究人员共39人，在中国农业科学院哈尔滨兽医研究所组建了马传贫研究室。同时将东北农学院（现东北农业大学）、吉林农业大学、内蒙古扎克屯农牧学校、总后军马卫生科学研究所、中国人民解放军兽医大学（现并入吉林大学）等单位的有关专家、科技人员纳入统一领导、统一规划、统一组织及分担任务。一个以中国农业科学院哈尔滨兽医研究所为中心的马传贫研究团队初步形成。此外，中医研究院、中国医学科学院抗菌素研究所、中国科学院动物研究所等单位在防治药物、媒介昆虫等方面，也着手开始研究工作。

1966年2月，农业部颁发了“马传染性贫血检疫试行规程”，其中包括流行病学诊断、临床诊断、血液学诊断、吞铁细胞检查、病理形态学诊断（解剖、组织学、肝脏穿刺沾体组织学检查）、生物学诊断和类症鉴别诊断。1967年8月，在哈尔滨召开的“马传染性贫血防制座谈会”上总结了我国马传贫防制的基本经验，提出“养、检、隔、封、消、处”六字综合防制措施，草拟了“防制马传染性贫血病的几项规定”。会后，农业部主持制订了我国第一个正式的《马传染性贫血防制试行规程》。该规程形成了以“养、检、隔、封、消、处”六个字为核心的综合防制措施，以下为其主要内容。

1. 加强饲养管理　做好饲养管理工作，经常注意马匹的合理饲养和使役。科学养畜，给予富有营养和足够日粮的饲草饲料，防止过度瘦弱和疲劳，增强马匹体质，提高抗病能力。经常开展防制马传贫的宣传教育，搞好养马场所及其周围的环境卫生，划定牧区、避免混牧。

做好马体涂药，防止蚊虻叮咬。吸血昆虫是马传贫疫情扩大蔓延的主要媒介。各地在马体涂药过程中对于蚊虻的种类、叮咬的次数、药品的选择及涂药持续的时间等都做了详细观察，积累了丰富经验。在实践中，用80%的敌敌畏1：700稀释液、0.5%二溴磷乳液或1%敌百虫液等杀虫药，都可见明显效果。辽宁、吉林、黑龙江三省于1970年，马体涂药280万匹，其他各省市也积极开展了此项工作。在蚊虻多的季节，一些地区采取夜间或清晨放牧，以减少蚊虻的叮咬。此外，自繁、自养、自用是加强饲养管理的一个重要方面。黑龙江、吉林的一些地方在周围疫情非常严重的情况下，采取自繁、自养、自用的方法严格控制购进马匹，之后再没发生疫情。辽宁省旅大市（今大连市），1969年坚持自繁自养，消灭了市内13个疫点，全市疫情稳定。

2. 检疫　临床综合诊断是本阶段的主要技术措施。此阶段尚未研究出简易和特异性的诊断方法用于本病的检疫，只能通过较长时间的测温、系统的临床观察和反复地血液检查等项的综合判断，完成对该病的诊断。在疫情发生初期或是疫情发生的某一个时期，疫情基本情况不清楚，此时各地均采用普检的方法进行检疫。在发生或疑似发生马传贫的村、屯或乡，需对所有马匹进行检疫。检疫一般分为两个阶段：第一阶段为初检，第二阶段为复检。初检的目的是为了在全部受检马中检出疑似马传贫病马。初检工作包括追查病史、系统的临床检查（测温、心脏、可视黏膜、出血点、浮肿、精神及营养状况等）和血液检查（血沉、红细胞计数及吞铁细胞的涂片）。

对经初检确认的马传贫病马予以扑杀。对疑似马传贫病马，进行集中隔离，在为期1个月的时间内进行分化复检。复检的内容包括每日两次定时测温，多次临床、血液学检查和鉴别诊断，最后进行综合分析判定。病马判定工作十分慎重，凡经判定确认为马传贫病马，在对其进行扑杀的报告单上要有畜主和现场检疫人员签字，经县技术核心小组的审查并报主管县长审批签字。

在马传贫老疫区要开展经常性或一年春、秋两次的普检。普检时对发生马传贫的乡村需逐户进行马匹检疫。对非老疫区，县里组织专业队伍分组划片，每片分担几个乡，每个乡又设几个马匹集中点。周密的组织、妥善的安排、科学的分工，使普检工作速度快、质量好，但也花费了大量人力、物力。在20世纪50—70年代，辽宁、吉林、黑龙江三省每年各省都有十几万人进行马传贫的检疫。在上述艰苦工作的基础上，经过几年连续普检，基本摸清了马传贫疫情的流行情况。在此基础上，对疫情较为严重的一些省、直辖市、自治区或者县、乡，进行重点检疫。吉林省采取“三区六查”的办法开展检疫。“三区”即疫区、可疑区、受威胁区；“六查”的对象是外地引进马、与病马有血缘关系的马、发过高热的马、经常外出的马、有可疑症状的马和常年体况瘦弱的马。辽宁省规定的十大检疫对象包括上年的复检马，疫区和疫区周围的马，从苏联，以及我国内蒙古、吉林、黑龙江购进的马，上年诊断技术水平不高或领导抓得不紧地区的马，门诊发现的无名高热马，社队种公马和马传贫阳性种公马所配种的母马和所产马驹，所有种畜场的马，马鼻疽管制区的马鼻疽阳性马以及市县认为应该检疫的马。在检疫过程中，各地都累积了经验，创造了新办法，因地制宜地推广、应用重点检疫方法。重点检疫节省了大量的人力、物力、财力、时间，抓住了检疫时机，缩小了检疫范围和对象，做到了早发现、早消灭疫源，早控制疫情的传播，提高检疫质量和有利于生产。

门诊发现病马是检疫的一项重要工作，而兽医院是病马集中的场所，最容易发现传贫病马。各级兽医院对就诊的高热或疑似传贫马匹进行了详细病志记录，全面系统地进行临床和血液学检查及鉴别诊断，做到及时判定病马。

1970年，黑龙江省五常县全县兽医院（站）共发现需复检马61匹，其中判定传贫病马40匹。1973—1975年，吉林省扶余市在门诊发现的传贫病马占全部传贫病马的46%。因此，兽医院（站）是发现马传贫的前哨阵地和重要场所。

市场检疫和运输检疫，是发现病马的另一有效工作手段。马匹是农村耕地、运输的主要动力。省际马匹的调剂与发展农牧业生产关系重大。河北、山东、河南、江苏、安徽五省耕畜不足，严重影响农业生产的发展，迫切需要从东北、新疆、内蒙古等产马区大量调剂牲畜，而东北、内蒙古马传贫疫情又十分严重。这就需要在运输检疫环节严格把关。而在马匹运输交易过程中，买卖串换、倒卖病畜是造成马传贫扩大蔓延的主要原因之一。辽宁省营口市1974年检出病马1 707匹，其中外购570匹，占发病马的33.3%。彰武县检出病马544匹，外购130匹，占发病马的24%。为在流通环节控制马传贫传播，1962年农业部、财政部、工商行政管理局和供销合作总社下发文件要求加强运输检疫，防止马传贫疫情的扩散。1976年，农业部和供销合作总社在内蒙古的通辽市召开全国十三省市耕马调拨检疫工作座谈会，重点研究耕马的马传贫检疫问题。会议决定对全国收购和调拨的耕马，都要实行“先检疫、后收购、再调出”。检疫工作重点在产马区，尽力把马传贫控制消灭在产马区，防止传贫病马流入外销区。各省、直辖市、自治区都需要严格把好运输检疫关。很多省都明文规定：凡调出马匹的单位，在调出马匹前1个月进行马传贫检疫，判为阴性者方可调出；凡调入马匹的单位，对引进的马匹要隔离观察1个月以上，并做间隔20～30d的两次马传贫检疫，阴性马匹可与健康马混群。对于运输和进入交易市场的马匹，要审查非疫区和疫区证明。辽宁、吉林、黑龙江三省需检查马匹来源，确认来自非疫区和检疫健康的马匹才能给予办理运输和交易手续。发生疫情的县，在蚊虻季节关闭交易市场，控制马匹的流动，禁止牲畜的交易。

疫情的控制，不是管理好哪一个区域就能办到的，联防联控是做好马传贫防制需重点实施的工作。马传贫防制工作通常是以省、直辖市、自治区为单位组织检疫和实施各项防制措施。20世纪60年代开始，东北三省自发组织了大区联防，每年定期召开联防会议，总结经验、交流典型，互相学习并研究制订有关防制措施共同实施。随后，华东、华北等各大行政区，以及县与县之间、军民之间相继开展了联防活动。这对马传贫的有效防制起了重要作用。

3. 隔离　对马传贫病马扑杀前或疑似传贫病马在分化期间进行隔离饲养、检疫，是减少马传贫感染和搞好病马分化定性的重要手段。

为避免隔离病马或疑似马传贫病马过程中的交互感染，同时降低隔离费用，通过实践，将可疑马传贫病马分散到户进行隔离和分化病马。该措施促进了隔离检疫的进一步发展。

4. 封锁　疫区的封锁是控制疫源传出的重要环节。疫区，在农区指病马所在的自然村（屯）或生产队，在牧区指马群作业组或生产队，在城镇指养马单位。疫区一经划定，应立即封锁。疫区周围以标示牌标明，道口要由专人站岗，严禁病马出入和其他马匹进入疫区，疫区内禁止马匹交易，假定健康马也不得出售、串换、转让和调群，蚊虻季节不得出疫区活动，繁殖马匹用人工授精方式配种，禁止从疫区向非疫区输送任何被马匹污染的各种畜产品和用具。疫区内最后一匹病马被扑杀或隔离6个月内（国营牧场为1年）无新病马出现时，方可解除对疫区的封锁。在解除封锁后的2年内，每年进行2次以上定期检疫。封锁与解除封锁，均需由当地县市政府宣布。

5. 消毒　凡马传贫病马污染的厩舍、饲养管理用具、诊疗器械都需严格消毒。辽宁、吉林、黑龙江三省的基层畜牧兽医站（院）均设置了高热马专用器材柜，采血及治疗针头，做到一马一针一消毒，严防人为传播扩散疫情。粪便经生物热堆积发酵3个月后应用，对收容复检马的厩舍及隔离点每10天消毒一次。常用消毒药有2%氢氧化钠溶液、30%热草木灰、5%克辽林等。

6. 病马处理　2000年以前，马匹是我国农业生产的主要农耕动力，也是农村交通运输的主力。每匹马价格都在千元以上，有的甚至五六千元，因此，检疫难、扑杀病马更难。马传贫发生初期，有些领导和群众不清楚此病的危害性，认为扑杀病马是破坏生产，有的单纯考虑经济和生产上需要，对病畜处理下不了决心而姑息养患，致使这些地方疫情不断扩散。多年的防制经验告诉我们，对于马传贫病马要坚决扑杀。在疫情严重、病马数量大时，做到一时全部扑杀可能确有困难，此时需对病马做好标记，限制使役范围并逐步扑杀。此外，各级政府和财政部门采取省、地、县各级补贴，贷款、供应手扶拖拉机、耕牛等措施，以解决因扑杀病马而造成的农耕力不足的问题。

1987年的13省全国耕马调剂检疫座谈会上，推广介绍了辽宁省沈阳市、辽阳市和其他一些地方对扑杀病马后将其加工成饲料和工业原料的经验，如将马皮在饱和食盐水和4%氢氧化钠混合液中浸泡48h后加工利用。对于没有加工条件的，马传贫病马尸体要深埋或烧毁。

以“养、检、隔、封、消、处”六字为核心的综合性防制措施，适用于马传贫防制的各个阶段。本阶段应用临床综合诊断办法进行检疫，虽然花费时间长、投资大，却有效检出和处理了大批急性、亚急性的具有临床症状和血液学指标变化的病马，减少了传染源，延缓了该病扩大蔓延的速度，对马传贫的整体防控起到了重要作用。

（二）1974—1978年，以特异性的血清学诊断技术为主进行EIA检疫和执行综合防控措施的阶段

1974—1978年，实施以特异性血清学诊断方法为主，辅以“临床综合诊断方法”的防制措施。其主要技术手段是以“补反、琼扩”为主，“临床综合诊断方法”为辅。其他内容基本上与第一阶段措施相同。

由于“临床综合诊断方法”的程序复杂、需人员多、时间长，并且难以发现慢性病马，致使一些慢性马传贫病马流入非疫区，造成马传贫疫情蔓延。为建立简单易行而又准确、特异的血清学诊断方法，中国人民解放军兽医大学（现并入吉林大学）和中国农业科学院哈尔滨兽医研究所，先后从日本引进了马白细胞培养技术。1972年，两单位共同研究出了可用于马传贫特异性检测的半微量补体稀释法–补体结合反应。补反方法与临床综合诊断方法比较，可在短时间内（两天）完成大量样本检疫，并且结果准确。

1972年，农业部召开“全国马传贫科研工作协作座谈会”，讨论并肯定了“补反”是可用于马传贫检疫的特异、易行的诊断方法，并建议各地对该法进行推广应用。在推广过程中，指定单位安排抗原试验性生产，培训人员，分批分期地使用补反进行检疫工作。为推广应用补反，加速马传贫的防制进程，农业部和中国人民解放军总后勤部军马部共同

于1972年在哈尔滨安排了全国应用补反进行马匹检疫的工作。此后多次举办了补反检疫技术学习班和补反抗原制造学习班，为全国培训了补反抗原生产和检疫操作的技术人员。先后在军队和8个省、自治区建立了15个补反抗原生产点。应用补反检疫马匹的省达到12个。

1974年8月，农业部在齐齐哈尔市召开了12个省、区参加的会议，制订了补反诊断方法的试行规程。1974年11月，农林部下达了（74）农林（牧）第38号文件，《关于印发〈马传染性贫血病的防制试行规定〉的函》，将补反列为马传贫的检疫方法之一。补反方法的应用提高了检疫的准确性，使马传贫防制工作取得了较大进展。但是，补反的操作仍较复杂，不能适应大量检疫的需要，所以哈尔滨兽医研究所、中国人民解放军兽医大学、北京军区军马研究所和山西省畜牧兽医研究所等单位，进行了一系列补反操作术式的简化研究。这些研究在不同程度上简化了补反程序，对补反的应用推广起到了促进作用。

在补反方法逐渐完善和推广应用期间，中国农业科院哈尔滨兽医研究所等单位一直在研究更为简单易行的特异性琼脂免疫扩散试验方法。继研究脏器抗原之后，中国人民解放军兽医大学成功研制出以马白细胞培养病毒制造琼扩抗原的方法，同时哈尔滨兽医研究所建立了驴白细胞培养病毒制造琼扩抗原的方法，于1973年建立了马传贫琼扩诊断方法。1973年12月，全国马传贫科研协作座谈会建议加速对这一诊断方法的研究以期达到推广应用的水平。1974年8月，农业部在齐齐哈尔会议上肯定了这一诊断方法，并将琼扩诊断方法列为马传贫检疫的试行规程，要求在全国推广应用，指定兽药厂进行抗原生产。1974年11月农林部下达的第38号文件中，也将琼扩作为马传贫的检疫方法之一。为尽快推广琼扩这一简便易行、特异性好的诊断方法，1975年，农业部在秦皇岛召开的全国马传贫会议上，提出了“应用驴胎肺二倍体细胞生产马传贫琼脂扩散反应抗原的方法”，同年中国人民解放军兽医大学用转瓶培养驴胎继代细胞制造琼扩抗原取得成功。1976年，研究成功用带毒细胞传代和连续收毒换液制造琼扩抗原的生产工艺。哈尔滨兽医研究所与吉林省兽药厂的科技人员在吉林兽药厂共同进行了琼扩抗原的研究和试验，提出了成本低、可以进行工业化大量生产的马传贫琼扩抗原生产工艺。该项工作于1976年6月圆满完成，并以此作为农林部（74）农林（牧）字第38号文件《关于印发〈马传染性贫血病的防制试行规定〉的函》附件四中马传贫琼扩原生产方法的补充。同时在吉林市举办了琼扩抗原制造和技术操作学习班，为各省培训了骨干。1987年，在农业部颁布的“马传贫防制试行办法”中，正式以驴胎肺等二倍体细胞培养法代替了驴白细胞培养方法。1979年，山西省畜牧兽医研究所等单位在降低抗原用量方面，进行了大量、有益的研究工作。马传贫琼扩诊断方法的推广应用，进一步加快了马传贫的检疫工作，提高了马传贫防制工作的水平。在本阶段，全国各省逐步推广应用血清学诊断方法进行马传贫检疫，筛检出了用临床诊断检不出的大批慢性、隐性马传贫病马。1961—1990年的30年间，全国共检出马传贫病畜771 608匹，而1975—1980年短短5年期间，就检出了423 125匹，占总检出病马的54.8%。仅1976—1978年3年检出的病马数等于1975年以前15年检出病马数的总和。

（三）1979—1988年，以疫苗免疫接种为主进行EIA综合防控的阶段

1979—1988年，实施以马传贫驴白细胞弱毒疫苗免疫接种为主，辅以特异性血清学诊断和临床综合诊断的防制措施。措施的要点是在马传贫疫区、受威胁区，高密度、联片、连续多年注射疫苗，保护健康马，坚决扑杀马传贫病马。

疫苗接种是进行动物传染病最有效的手段之一。早在1962年，我国就开始了马传贫疫苗研究。1964年中国人民解放军兽医大学从日本引进了马白细胞培养技术，1965年我国首次培养马传贫白细胞成功。1975年，哈尔滨兽医研究所在驴白细胞继代毒的研究方面取得重大突破。其继代毒于100代后，对马的毒力已明显减弱，却可保持很好的免疫原性（对马保护80%以上）。在疫苗研究获重大突破的基础上，1975年6月29日至7月8日，在河北省秦皇岛召开了“防制马传贫病现场会和疫苗科研协作

会议”。参加会议的有黑龙江、吉林、辽宁、内蒙古、山西、陕西、河北、甘肃、新疆、北京、天津、安徽、河南、云南、山东、四川，总后勤部、卫生部、商业部，中国人民解放军兽医大学、北京军区、中国农业科学院、中国兽药监察所、兰州兽医研究所、哈尔滨兽医研究所及兽药厂等地区、部委、单位的负责人员、技术干部、疫苗研究人员共78人，与会人员听取了关于驴白细胞弱毒疫苗研究的培育经过及在实验室对马、驴免疫试验安全有效的结果。会议讨论认为，应在大规模的试验中取得更为可信的数据，并分配了对疫苗候选株进行扩大试验的单位和任务。除确定哈尔滨兽医研究所继续进行驴白细胞弱毒疫苗的研究（包括最小免疫量试验，安全性和免疫效力、区域试验、大量生产疫苗方法的研究、驴体反应疫苗的研究等项）外，还确定了：① 陕西省兽医研究所进行驴白细胞弱毒疫苗的安全性和免疫效力试验，包括注射途径、免疫期、佐剂等；② 内蒙古自治区畜牧兽医研究所进行疫苗对蒙古马的安全性和免疫效力试验；③ 山西省畜牧兽医研究所进行疫苗对马、驴、骡的安全性和免疫效力区域试验；④ 黑龙江省富裕兽医研究所和吉林省兽医研究所进行疫苗对马的安全性和免疫力区域试验。后来，又根据农林部（75）农林（牧）42号文件要求，扩大了马传贫疫苗安全性和效力区域试验的范围，新增加了8个试验点，即山西省临汾市、黑龙江省延寿县太平川种马场、肇东县青龙种畜场、讷河县青色草原马场、呼兰县大赵村、吉林省双辽县双辽种马场、黑龙江省九三农场和双山（建设兵团5师45团），此外增加吉林省兽药厂作为疫苗生产单位。哈尔滨兽医研究所承担或指导在上述各点对试验马匹进行的补反和琼扩检疫工作。此外，哈尔滨兽医研究所负责生产疫苗，要求能够生产出各试验点所需要的全部各代次马传贫疫苗。从1975年9月开始，在上述试验点共注射试验马属动物10 380匹（头），其中马2 983匹、骡3 491头、驴3 926头。经观察和实验研究，进一步验证了驴白细胞弱毒疫苗对不同品种的马、骡、驴均安全有效。为总结经验和尽快使马传贫疫苗用于防制工作，1976年春，在黑龙江省肇东县召开了马传贫疫苗区域试验现场会。会上初步讨论和总结了区域试验的结果，认为区域试验的基本情况是好的。之后，同年11月，在山西省临汾地区召开“马传贫防制和免疫试验现场会”。现场调研了用11个代次疫苗注射的8 492匹（头）马、骡、驴的免疫情况。听取了各研究单位就暴发区紧急预防接种、慢性马传贫马场免疫接种、较大面积免疫接种等不同类型的区域试验情况。对疫苗的各方面特性进行了综合、全面的评价。综合来看，马传贫驴白细胞弱毒苗对马、骡、驴是安全稳定的；马传贫驴白细胞弱毒疫苗控制马传贫疫情，无论对急性暴发还是慢性流行，均能收到良好效果；从流行病学上看不出各代疫苗在安全稳定和保护性能方面有区别，但从攻毒结果看，驴白细胞弱毒苗第110～129代保护效果可观，反应毒108代对驴骡很好，低温苗107代较好，今后可大面积推广试用，但肺细胞苗15代和反应苗126代干苗效果较差。免疫期，从疫苗注射后3个月开始即出现保护，保护期至少持续10个月（因当时试验监测马进行到10个月，之后研究证明，保护期能达到3年以上）。暂定每年注射一次，效果是可靠的。区域试验和实验室结果一致，这个疫苗可以应用于生产实践用于防制马传贫。

1977年与1978年，分别在广东省的佛岗、黑龙江省的哈尔滨和辽宁省的绥中召开全国马传贫防制座谈会，总结交流了各地马传贫的防制经验和疫苗区域试验结果。绥中会议指出：在马传贫防制中应克服两种倾向：① 有了马传贫疫苗，打一针可以万事大吉的盲目乐观情绪；② 认为马传贫难搞而消灭不了的畏难厌战情绪。总结经验认为，在全面开展马传贫疫苗注射之前，要搞好试点、练好兵，要大力搞好宣传和发动群众工作。加强组织领导，适当集中牲畜进行疫苗注射，这样速度快、注射率高、疫苗浪费少。有制造疫苗条件的省、自治区要做好疫苗的生产和供应工作，其他省、自治区的疫苗由农业部统一安排生产供应；每年冬季（或初春）注射一次。及时扑杀病马，做好综合性防制措施。会上还讨论修改制订了新的《马传贫防制办法》，其中增加了马传贫疫苗的应用；对行政、组织、技术相结合综合防制马传贫的各种措施进行了规定。1987年2月，农业部颁布了新的《马传贫防制试行办法》。

1980年6月农业部在吉林省梅河口召开了全国马传贫工作会议，全面总结了全国1977年的4年来使用马传贫疫苗的经验和教训，客观地分析了注苗地区马传贫疫情的变化，肯定了马传贫疫苗的安全性和效力。会议认为：① 马传贫疫苗有阻止马传贫疫情扩大蔓延的作用。在多数清净地区注射马传贫疫苗后取得了效果，在周围未注苗地区严重暴发马传贫的威胁下没有暴发马传贫。② 注射疫苗后马传贫的流行范围逐渐缩小。大多数马传贫流行地区，在注射马传贫疫苗后，暴发点和疫点都在逐渐减少，使马传贫的流行区域越来越小。③ 不同状态马群注射疫苗后的表现形式有所不同。虽然在注射马传贫疫苗后，发病、死亡和疫点都趋于下降和减少，但由于注射前马群所处的状态不同，注射后的表现形式也不尽一致。1980年梅河口会议前后，各省、直辖市、自治区陆续开展了大面积马传贫弱毒疫苗的预防接种。1970—1990年，全国23个发生马传贫的省（自治区、直辖市），除甘肃、宁夏、青海等8个省（自治区、直辖市）未开展疫苗注射工作外，其余15个省份的484个县开展了疫苗免疫工作，共免疫马属动物61 314 496匹次，获得了极为满意的效果。全国最后一个停用马传贫驴白细胞弱毒疫苗的省份是内蒙古自治区，进行疫苗免疫的最后年份是2003年。

（四）1989年至今，逐步停止疫苗免疫，严格执行监测和扑杀EIA阳性马，推进各地区EIA防控和净化工作的考核验收

从1989年开始，在全国马传贫流行区，因地制宜地采取不同防制对策，制订马传贫防制规划，实施目标管理和考核验收。在全面执行马传贫综合性防制措施的基础上，根据各地不同情况制订具体实施方案，以尽快实现规定目标。其要点是：在疫苗免疫区，由每年疫苗免疫逐步过渡到间隔免疫或停止免疫，同时用血清学鉴别诊断方法检疫、扑杀残存的少数病马；在非疫苗免疫区，用血清学诊断方法提高检疫密度和加强疫情监测，发现病畜及时扑杀。最终使马传贫流行区逐步达到控制或消

灭马传贫的目标。

全国发生马传贫的有关省、直辖市、自治区，经几十年的艰苦努力，传贫防控工作已取得重要进展，传贫疫情发生大幅度下降。从1984年开始，原来疫情严重的黑龙江、吉林和辽宁三省，马传贫的发病多呈零星发生，死亡也仅集中于个别疫点，且出现的传贫病马又多为使用疫苗前已发生的感染。在这种情况下，如何加快淘汰马传贫病马，已成为我国马传贫防制的关键。

此外，河北、河南、陕西、山西等四省也根据本省马传贫发生的实际情况，开展了因地制宜的各种马传贫综合防制试验。

1989年，农业部在牡丹江市召开了北方及南方部分省、直辖市、自治区参加的马传贫防制工作汇报会。会上甘肃、宁夏、青海、北京、天津、山东、安徽、江苏、内蒙古、黑龙江、吉林、辽宁、河化、河南、山西、陕西、新疆及云南等地的代表，分别汇报了多年来各地马传贫的防制工作情况及取得的防制效果。甘肃、青海及宁夏三省（自治区）经多年的大量工作，马传贫病畜已再未出现，经近几年的全面考核，已达到基本消灭马传贫的防制目标。北京市已基本达到了控制马传贫流行的目标。天津市已多年未发现临床病畜。山东省在1988年抽检的87 100匹（头）马属动物中，未发现有马传贫病畜。安徽省经过近20年的努力，马传贫发病数迅速下降，到1988年仅检出马传贫病马3匹，达到了控制并接近扑灭的目标。江苏省几年来马传贫疫情趋于稳定，疫区、疫点范围逐年缩小，发病、死亡数明显减少。内蒙古认为积极采取以预防注射检疫清群相结合的防制措施，是使马传贫疫点和发病数明显下降的关键，经过多年的实践，取得了较好的防制效果。黑龙江、吉林、辽宁、河北、河南、山西、陕西等省经多年来的大量努力工作，使我国北方最大的一片马传贫流行区域内的马传贫流行，从根本上得到了控制。甘肃、青海、宁夏和内蒙古西部地区已基本消灭了马传贫。

新疆对马传贫的防制工作十分重视，广大兽医工作人员克服了地域辽阔、交通不便、基层条件差等种种困难，多年来开展了大量的检疫扑杀病畜及免疫注射工作，通过综合防制，使马传贫的防制工作取得了较为明显的效果，加速了该区控制马传贫的进程。

云南省是一个疫情比较复杂的区域。该省根据本地的实际情况对马传贫疫畜集中实施检疫、扑杀病畜和重点县免疫注射的防制措施。经过多年的努力，疫情均有下降，马传贫疫情基本上得到控制。会议讨论总结了全国马传贫防制工作的经验，研究了马传贫防制效果的考核验收办法。会后由农业部颁发了《马传染性贫血防制效果考核标准》，规定了基本控制、控制、稳定控制的标准。会议要求哈尔滨兽医研究所应加速马传贫血清学鉴别诊断方法的研究，争取尽早纳入试行规程。1990年农业部下发了《1991年至1995年全国马传染性贫血病防制规划》，对各省达标时间、程度、范围等提出了具体要求和实行目标管理的各项规定。

在进行考核验收、实行目标管理的同时，各地继续坚持以疫苗免疫和鉴别诊断为主要技术措施，并由每年免疫逐步过渡到间隔或停止免疫，用血清学鉴别诊断方法检疫、扑杀残存的少数病马，加速病马的淘汰，预期完成控制马传贫或消灭马传贫的任务。1991年3月农业部在长春市召开了“七五”期间布病、马传贫防制工作表彰会议，总结了七五期间全国的马传贫防制工作。到1990年年底，已有292个县达到部颁控制标准，占疫区县的34.5%。甘肃、宁夏、青海三个省（自治区）达到稳定控制标准。全国绝大部分疫区疫情稳定，病死马明显减少，社会和经济效益显著。14个省1985—1990年注射疫苗的马达18 627 572匹；检疫69 114 430匹，阳性1 152匹，阳性率为0.017%，与20世纪70年代马传贫疫情高峰时期20.25%的阳性率相比较，有了大幅度下降。甘肃省抽检所有马传贫疫区县，无临床症状病畜，血清学检查全部为阴性。陕西省五年间共检疫马58 866匹，阳性95匹，阳性率0.16%，1984年以前阳性率为17.8%。黑龙江省在1985—1990年的5年内，疫点由1976年的3 052个下降到1990年的4个；暴发点1976年为853个，1990年下降为0个；因马传贫死亡马数量已由1976年的11 333匹减少到1990年的16匹。河南省5年来自然发病数由121 508匹减少到158匹，死亡数由72 171匹减少到185匹。近

3年用马传贫血清学鉴别诊断方法进行检疫，每年检疫24～25个县，每年平均只检出病马7～8匹。山西省1976年发病马数为3 958匹，死亡马数为3 247匹，到1989年发病马只有5匹，已连续3年未见因马传贫死亡的马属动物。辽宁省1978年因马传贫死亡马9 275匹，1986年因马传贫死马降到633匹，1990年因马传贫死亡马又降到13匹。会议讨论修改了《马传贫防制办法》，并结合修改“办法”，讨论了在目标管理和考核验收中应注意的问题，以及今后几年马传贫防制工作的统筹安排，以利于搞好马传贫防制工作的最后一个阶段，为在我国彻底消灭马传贫做出贡献。

进入21世纪，在全国马传贫防控工作的全面推进和防控效果十分明显的基础上，《国家中长期动物疫病防治规划（2012—2020年）》中，将马传贫列为全国净化的动物疫病，并有针对性地开展疫病监测和阳性病马扑杀等工作。目前全国只有内蒙古、云南和新疆尚未通过马传贫净化的国家达标验收，但内蒙古已连续多年未检出传贫血清抗体阳性马，云南和新疆的马传贫疫情也仅有零星发生，我国全面净化马传贫工作的胜利完成实现指日可待。

二、我国EIA防控现状

2003年，内蒙古自治区作为全国最后一个省份，停止使用马传贫弱毒疫苗。至此，在全国范围内全面停止了马传贫疫苗的使用。借助疫苗免疫进行马传贫防控的阶段性任务胜利完成，马传贫防控工作全面转为检疫、扑杀阳性马，以实现全国范围内实现对马传贫疫情的净化。2007年，为预防、控制和最终消灭马传贫，依据《中华人民共和国动物防疫法》及有关的法律法规，制定了《马传染性贫血防治技术规范》。2007年至今对EIA的净化工作，均按照此规范，逐年开展。2012年，国务院发布了《国家中长期动物疫病防治规划（2012—2020年）》。该规划中将马传染性贫血的消灭列为重点推进工作。规划中明确指出，在现有基础上加快推进消灭行动。开展持续监测和重点监测，严格检疫监管，严格扑杀阳性动物。到2020年，全国消灭马传染性贫血。目前我国对马传贫的防控，均以最终消灭马传贫这一目标为出发点，重点关注病的检疫、监测和净化。

执行检疫工作的具体指导原则为：异地调入的马属动物，必须来自非疫区。调出马属动物的单位和个人，应按规定报检，经当地动物防疫监督机构检疫（应包括血清学检查），合格后方可调出。马属动物需凭当地动物防疫监督机构出具的检疫证明运输。运输途中发现疑似马传贫病畜时，货主及运输部门应及时向就近的动物防疫监督机构报告，确诊后，由动物防疫监督机构就地监督畜主实施扑杀等处理措施。调入后必须隔离观察30d以上，并经当地动物防疫监督机构两次临床综合诊断和血清学检查，确认健康无病后方可混群饲养。

监测和净化工作开展的指导原则为：在马传贫控制区、稳定控制区，采取“监测、扑杀、消毒、净化”的综合防治措施。每年对全县1～12月龄的幼驹，用血清学方法监测一次。如果检出阳性马属动物，除按规定扑杀处理外，应对疫区内的所有马属动物进行临床检查和血清学检查，每隔3个月检查一次，直至连续2次血清学检查全部阴性为止。对于马传贫消灭区，则采取“以疫情监测为主”的综合性防治措施，每县每年抽查存栏马属动物的1%（存栏不足1万匹的，抽检数不少于100匹，存栏不足100匹的全检）做血清学检查，进行疫情监测，及时掌握疫情动态。基于监测和净化工作的有效执行，逐步实现对该病的稳定控制和最终消灭。以下为农业部制定的EIA稳定控制和消灭的标准。

（一）稳定控制标准

1. 县级稳定控制标准　全县（市、区或旗）范围内连续5年没有马传贫临床病例；全县（市、区或旗）停止注苗1年后，连续2年每年抽检300匹份马属动物血清（不满300匹全检），经血清学检查，全部阴性。

2. 市级稳定控制标准　全市（地、盟、州）所有县（市、区、旗）均达到稳定控制标准。

3. 省级稳定控制标准 全省所有市（地、盟、州）均达到稳定控制标准。

4. 全国稳定控制标准 全国所有省（自治区、直辖市）均达到稳定控制标准。

（二）EIA消灭标准

1. 县级达到消灭标准 在达到稳定控制标准的基础上，还应符合以下条件：全县（市、区或旗）范围内在达到稳定控制标准后，连续2年每年抽检200匹份马属动物血清（不满200匹者全检），血清学检查全部为阴性。

2. 市级马传贫消灭标准 全市（地、盟、州）所有县（市、区、旗）均达到消灭标准。

3. 省级马传贫消灭标准 全省所有市（地、盟、州）均达到消灭标准。

4. 全国马传贫消灭标准 全国所有省（自治区、直辖市）均达到消灭标准。

按以上标准进行逐年考核验收，目前我国EIA各省的工作进展情况如下：截至目前，经农业部考核达标验收的已有20个省（自治区、直辖市）（即甘肃、青海、宁夏、四川、河北、河南、广西、江苏、贵州、安徽、山东、天津、黑龙江、吉林、山西、陕西、北京、辽宁、广东和新疆生产建设兵团）。其中，2003年首次通过考核验收有6个省（自治区）（即甘肃、青海、宁夏、四川、河北、河南）；第二次时间是2005年，广西通过验收；第三次是2007年，江苏、贵州、安徽、山东4个省通过验收；第四次是2009年，天津、黑龙江、吉林、山西4省（直辖市）通过验收；第五次验收时间是2010年，陕西通过验收；第六次验收时间是2012年，北京通过验收；第七次验收时间是2013年，辽宁和广东通过验收。第一次验收时间为2015年，新疆建设兵团通过验收，20个省（自治区、直辖市）考核验收结束后，均以农业部文件形式将消灭马传贫达标验收信息及时通报各省（自治区、直辖市），有关资料存入农业部档案室。

目前仍有3个省、自治区（即内蒙古、云南、新疆）未提出书面申请验收消灭马传贫报告。为促进以上3个省份的EIA净化工作，及时通过考核验收，兽医主管部门结合各省具体情况制订了以下工作计划。

（1）总体目标　到2015年，内蒙古自治区、新疆生产建设兵团*达到消灭标准，新疆维吾尔自治区和云南省进一步压缩流行范围。2017年，新疆维吾尔自治区和云南省达到无阳性畜检出标准。2020年，全国消灭马传贫。

（2）完成上述目标需开展的具体工作　2014年，内蒙古自治区完成市、县两级消灭马传贫考核验收；新疆维吾尔自治区、新疆生产建设兵团和云南省查清阳性畜的具体分布情况，扑杀阳性畜。全国马传贫防疫人员年培训率达到100%，兽医和从业人员防控知识知晓率达到70%。

2015年，内蒙古自治区、新疆生产建设兵团完成省级消灭马传贫考核，并向农业部提出达标考核申请；新疆维吾尔自治区和云南省将流行范围压缩50%，扑杀全部阳性畜。全国马传贫防疫人员年培训率达到100%，兽医和从业人员防控知识知晓率达到80%。

2017年，新疆维吾尔自治区和云南省达到无阳性畜检出，逐步完成市、县级消灭马传贫达标考核。全国马传贫防疫人员年培训率达到100%，兽医和从业人员防控知识知晓率达到85%。

2020年，新疆维吾尔自治区、云南省完成省级消灭马传贫考核，并向农业部提出消灭马传贫达标考核申请。农业部组织专家进行消灭马传贫达标考核。全国马传贫防疫人员年培训率达到100%，兽医和从业人员防控知识知晓率达到90%。在有效推进上述工作计划的基础上，内蒙古、云南、新疆三省（自治区）EIA监测、净化工作通过考核验收指日可待。

---

* 新疆生产建设兵团已于2015年消灭马传贫的考核验收工作。

第三节　我国进行EIA防控取得的重要经验

我国马传贫防制工作，从20世纪50年代开始，至今已60多年。60多年来，在各级党委、政府的领导下，认真贯彻落实国家有关法规，坚持“预防为主”的方针和采取检疫、免疫、扑杀病畜相结合的综合性防制措施，使马传贫疫情得到了全面控制，取得了可喜的成绩并获得了宝贵的经验。

一、加强领导，把EIA防制工作列入重要议事日程，作为一项长期工作抓实、抓好，是搞好EIA防控工作的关键

马传贫的流行曾给我国养马业及农村经济建设带来严重损失。各级政府高度重视马传贫的防控工作，把马传贫防制工作列入重要议事日程，作为一项需坚持不懈、长期执行的重要工作。为切实抓好马传贫的防制工作，各级政府都加强了对该病防制的组织领导。国务院曾多次对防制马传贫做过重要批示，1965年8月10日农业部邀请国家科委（现科技部）、中国农业科学院、军马部、卫生部、化学工业部、农垦部、中国医学科学院、中医研究院和东北局科委等单位成立了防制马传染性贫血领导小组，相继全国各有疫情的省（自治区、直辖市）、地（市）、县（市、区）也都相应设立了不同层级的防制马传贫领导小组（办公室、指挥部、委员会、专业队等），建立、健全防制马传贫组织，主管领导负责，固定专人执行，分片包干，实行岗位责任制，制订防制规划、计划，督促、指导防制马传贫工作，经常研究防制工作，解决具体实际困难，适时召开专业工作会议，总结、交流经验，研究讨论问题，统一思想认识，部署安排工作。1971年4月在长春市召开了“全国马传贫防制与科研座谈会”；1975年6月在河北省秦皇岛召开了“防制马传贫现场会

和疫苗科研协作会”；1976年11月在山西省临汾地区召开了“马传贫防制和免疫试验现场会”；1989年8月在黑龙江牡丹江召开了“全国马传贫防制座谈会”；1991年3月在吉林省长春市召开了“全国‘七五’期间布病、马传贫防制工作总结表彰会”。为促进马传贫的全国消灭，近年来农业部和相关省市和地区又陆续有针对性地召开了多次科学研讨和工作会议。全国各有疫情的省（自治区、直辖市）、地（市）、县（市、区）也每年召开专业工作会议，及时指导、督促，促进了马传贫防制工作的开展。

制定各种法规、规章、制度：1961年1月19日，农业部畜牧局下发了《苏联防制马传染性贫血症措施》；1965年5月28日，国务院农村办公室转发了东北局农委《关于马匹两大疫病（鼻疽、马传贫）防制工作会议纪要》；同年农垦部印发了《关于国营农场防制马传染性贫血病的紧急通知》；1966年2月23日，农林部（66）农牧基字第37号文印发了《马传染性贫血病检疫试行规程》；1978年2月1日，农林部（78）农林（牧）字第8号印发了《猪气喘病防治办法及马传染性贫血病防制试行规定的补充规定》；1978年12月26日，农林部（78）农林（牧）字第155号文件印发了《马传贫防制试行办法》；1980年9月，农业部印发了《关于马传贫弱毒疫苗使用暂时规定》；1985年2月14日，国务院颁发了《家畜家禽防疫条例》；1985年8月7日，农牧渔业部发布了《家畜家禽防疫条例实施细则》；1989年10月12日，农业部印发了《马传染性贫血病防制效果考核标准》；之后，农业部于1991—1995年、1996—2000年、2001—2005年印发了3个5年《全国马传贫防治规划》。2001年农业部以农牧发〔2001〕45号文颁布了《消灭马传贫考核标准和验收办法》。2002年农业部制定下发了《马传贫防治技术规范》，2007年《马传贫防治技术规范》又重新进行了修订并执行。2012年，国务院发布了《国家中长期动物疫病防治规划（2012—2020年）》，将马传染性贫血的消灭作为重点推进工作列入规划中。规划中明确指出，在现有基础上加快推进消灭行动，开展持续监测和重点监测，严格检疫监管，严格扑杀阳性动物。到2020年，全国消灭马传染性贫血。全国各省（自治区、直辖市）也都结合本省实际制定了一系列法规、规章、制度，使防制马传贫科学化、制度化、规范化。

国家财政对我国马传贫防制工作给予了大力支持，每年都向各省下拨专项补助经费，有关省、直辖市、自治区也给予一定数量的配套资金，保障了检、免、杀等技术措施的顺利进行。

二、依靠科技进步，科研同生产相结合是防控EIA的重要途径

1954年，马传贫由苏联传入我国，以后由东北三省逐渐扩散到全国23个养马省（自治区、直辖市），尽管当时我国也采取了养（加强饲养管理）、检（马匹检疫）、隔（隔离病畜）、封（封锁疫区）、消（环境消毒）、处（扑杀病畜）等防治措施，投入了大量的人力、物力、财力，但由于未能解决马传贫的特异性诊断问题和没有安全、有效的疫苗，疫情不断扩大蔓延。

1965年初，在全国农业科学实验工作会议上，马传贫被确定为全国农业科学研究重要研究项目。会议决定："要集中力量，打一个马传贫研究工作的歼灭战和组织防治马传贫的样板，并由农业部成立防制马传染性贫血领导小组，加强领导。"会后，即积极筹备、制订马传贫研究工作五年规划，集中辽宁、吉林、黑龙江、内蒙古、中国农业科学院兽医研究所等地区和单位的研究人员程绍迥、胡祥壁、罗仲愚等39人，在中国农业科学院哈尔滨兽医研究所成立了马传贫研究室，开始了马传贫诊断方法、免疫方法等研究。之后，中国人民解放军兽医大学、辽宁省畜牧兽医研究所、黑龙江省富裕兽医研究所、吉林省研究所、内蒙古自治区兽医研究所、山西省畜牧兽医研究所、陕西省兽医研究所、甘肃省兽医研究所等都开展了马传贫的防制研究。1972年，中国农业科学院哈尔滨兽医研究所、中国人民解放军兽医大学等单位成功建立了马传贫补体结合试验，1974年成功建立了琼脂凝胶免疫扩散试验。这些方法特异、

敏感、简便，为马传贫防制提供了科学的诊断方法，为及时、准确诊断病畜，发现传染源，加强传染源的管理和消灭传染源起到了重要推进作用。

1975年，中国农业科学院哈尔滨兽医研究所又成功研制了马传贫驴白细胞弱毒疫苗。疫苗研制成功后，首先在黑龙江、山西等地进行了免疫区域试验。1976年，农业部在山西省临汾地区召开了“全国马传贫防制和免疫试验现场会”，决定在全国范围内推广应用马传贫驴白细胞弱毒疫苗，从而使马传贫防制工作中的诊断、免疫技术难题均得到了解决，使防制马传贫工作进入了坦途。从1977年开始，全国各省经过试点，逐渐扩大应用马传贫白细胞弱毒疫苗，经过短短3年的大面积疫苗免疫，至1980年，马传贫发病率已显著降低，病马数量大幅减少。

大面积的疫苗注射，在防制马传贫方面发挥了巨大作用，但随之出现了免疫马与自然感染病马血清抗体难以区分的问题，致使牲畜交易市场检疫、运输检疫、产销两地检疫无法进行，传染源难以控制、消灭，严重地影响着马传贫防治工作的顺利开展。针对这一生产实际问题，哈尔滨兽医研究所组织力量进行研究。1988年，该研究所成功研制了马传贫单克隆抗体酶联斑点试验和琼脂凝胶免疫扩散试验联合鉴别诊断免疫马和自然感染病马的血清学诊断方法，及时解决了这一难题。1989年9月，哈尔滨兽医研究所受农业部委托，为各省（自治区、直辖市）培训了一大批应用斑点试验新方法的技术骨干。各省（自治区、直辖市）结合本地实际，将此项新技术应用到马传贫的检疫、免疫监测、清除病马、考核验收等各项工作中，开创了我国马传贫防制工作的新局面。

三、大面积应用驴白细胞弱毒疫苗对防控EIA起到了决定性作用

1976年11月，在山西省临汾地区召开了“马传贫防制和免疫试验现场会”。会后，全国马传贫疫区省（自治区、直辖市）相继开展了马传贫弱毒疫苗免疫注射工作，在小区试验证明安全有效的基础上，逐渐扩

大疫苗注射范围和头数，并在免疫前用琼脂凝胶免疫扩散试验方法进行检疫清群，对检出的阳性畜进行扑杀，对阴性畜进行疫苗免疫。在证明病畜免疫后不会引起恶化，更不会引起暴发后，疫情严重的省、自治区都加快了免疫的范围和数量，从而迅速有效地控制了疫情。多数省（自治区、直辖市）采取在疫苗免疫县连续免疫3～5年后，改为隔年免疫一次；少数省份采取在连续免疫3～5年后不再注苗免疫。1983年是全国疫苗免疫面最大、数量最多的一年，达13个省、406个县（区），免疫马数达13 251 864匹。全国18个疫区省（自治区、直辖市）免疫面达476个县，免疫马总数达61 314 496匹。通过十几年的免疫预防注射工作，疫情得到了控制，疫点数、感染率、死亡率逐年下降。实践证明，以免疫预防为主，“免、检、杀”相结合，是防控马传贫的有效途径。

四、扑杀病畜，消灭传染源是有效防控EIA的重要措施

病马和隐性带毒马是马传贫的传染源。20世纪70年代以前，马匹是一些地方农业的主要动力，是农民的命根子。马传贫的暴发和流行给农民带来了严重的经济损失，农民面对病马抱头痛哭，不忍心杀马，基层领导也想不通，阻力很大，再加上当时检出的病马数量很多，国家财政困难，受经费限制，扑杀措施难以落实。但为了有效地控制马传贫，消灭传染源，有关省（自治区、直辖市）政府除耐心说服给予适当经济补贴外，采取行政、法制强制措施，做到随判随杀，及时清除传染源。甘肃、青海、宁夏三省、自治区，以检疫扑杀为主，对检出的病畜全部扑杀；河南近几年对检出的病畜，每匹补助1 000元，全部扑杀；内蒙古扑杀1匹病马补助500元，共扑杀病马22 065匹；北京市历年累计扑杀11 862匹，每匹补助500元，补助款达500多万元；吉林省通过多途径经济补贴，历年累计扑杀病马达78 849匹；黑龙江省扑杀病马达98 559匹；全国18个疫区省（自治区、直辖市）历年累计共扑杀马传贫病马270 134匹。事实表明，扑杀病马，消灭传染源，是控制（消灭）马传贫的重要措施之一。

五、以产地检疫为主，加强传染源管理是有效防控EIA的重要手段

我国马传贫发生与流行的主要原因是从国外进口马匹过程中引入了病马，而省际的马匹交流，进一步使马传贫不断扩散。1954—1959年，黑龙江、内蒙古、云南、吉林、辽宁、河北、山西7省、自治区，因从苏联进口马而引入本病。1963—1977年，新疆因从蒙古国进口马匹而引入该病。山东、甘肃、江苏、安徽4省因从新疆买马而传入本病。此外，河北、北京、陕西三省（直辖市）从吉林引入该病；河南从黑龙江引入本病；发生本病最晚的宁夏则是从甘肃、青海两省引入本病。由此形成了马传贫由国外向国内、由关外向关内、由北向南逐渐扩散蔓延，直至在全国暴发流行的总体趋势。而病畜和隐性感染带毒畜的四处流动，是造成马传贫传播蔓延的主要原因。为此，早在20世纪50年代就要求疫区马匹不准外调，应集中隔离饲养，管制使役，非疫区不要到疫区买马；买马时必须进行马传贫检疫，确认健康马，方可买卖；买回后，必须经隔离观察，确认健康者方可混群饲养。这些措施对控制临床症状明显的病马起到一定的作用。但由于当时对马传贫缺乏特异、敏感、简便快速的诊断方法，法规、机构也不健全，因此难以有效控制临床症状不明显的隐性带毒畜。1974年后马传贫有了特异、敏感、简便的琼脂凝胶免疫扩散试验等检疫方法。1985年2月国务院颁布了《家畜家禽防疫条例》，同年8月农牧渔业部颁发了《家畜家禽防疫条例实施细则》等一系列法规，各地也都制定了《家畜家禽防疫条例实施办法》，建立动物检疫机构。加强产地、市场和运输检疫，较好地控制病畜流动。上述一系列措施，在控制马传贫流行方面发挥了重要作用。

六、大力宣传，提高广大干部、群众对防控EIA的认识，是做好EIA防控的基础

马传贫防制工作既是一项科学性很强的技术工作，又是一项复杂的

社会工作。全国各省（自治区、直辖市）、地（市）、县（市、区）利用会议、墙报、广播、宣传车、报纸、电视、录像、技术培训、印发宣传册等多种形式，大力宣传马传贫的危害、防制马传贫的重要性和方法，做到家喻户晓，使广大干部群众积极支持，密切配合，自觉执行马传贫防制措施，使防制马传贫的各项措施得以顺利落实。

七、加强技术培训，提高疫病防控人员的业务水平，是搞好EIA防控的保障

搞好马传贫防制工作，必须有一支热爱本职工作、责任心强、吃苦耐劳、技术水平高的防疫队伍。为此，全国各级业务主管部门经常采取多种形式进行技术培训。1964年，农业部委托中国农业科学院哈尔滨兽医研究所举办了全国马传贫临床综合诊断技术师资学习班；1972年，农业部委托哈尔滨兽医研究所举办了全国马传贫补体结合反应诊断技术师资学习班；1973年，农业部委托哈尔滨兽医研究所举办了全国马传贫琼脂扩散反应诊断技术学习班；1989年9月，农业部委托哈尔滨兽医研究所举办了马传贫自然感染马与免疫马鉴别诊断学习班；这些技术培训班的举力，为全国防制马传贫培训了一批师资。同时，全国各省（自治区、直辖市）、地（市）县（市、区）也层层举办了学习班，使马传贫诊断、防制技术不断提高，使马传贫防制工作得以顺利进行。2013年和2014年，农业部又连续两年委托中国农业科学院哈尔滨兽医研究所召开马传贫检疫和净化培训班，以进一步巩固全国马传贫的防控成果，并促进马传贫在全国的最终消灭。上述工作的开展，有效提升了全国马传贫防制工作技术人员的业务水平，全面促进了马传贫诊断和疫苗应用相关技术在全国的推广应用，确保了技术层面的科学规范，保证了诊断的准确和疫苗免疫效果，在马传贫的有效防控中发挥了关键性作用。

回顾我国马传贫的流行及防控史，主要经历了四个历史阶段。20世

纪50—60年代，为马传贫传入我国的散发流行阶段。在该阶段，没有特异的诊断方法，只能依靠临床综合诊断和生物学诊断方法进行诊断，也没有有效的防制方法，马传贫疫情不断蔓延。20世纪60—70年代，为本病在我国广大农村、牧区暴发流行阶段，在防制工作方面执行以检疫净化为主的“养、检、隔、封、消、处”综合防制措施。20世纪70—80年代，为马传贫特异性诊断方法（琼扩、补反）的建立及马传贫驴白细胞弱毒疫苗研制的成功阶段。在该阶段，建立了特异性诊断方法，能够快速、准确诊断、发现病马。同时，马传贫驴白细胞弱毒苗的成功研制和大面积应用，使马传贫疫情得到迅速控制。20世纪90年代至今，全面认真贯彻免疫为主，“检、免、处”相结合的综合防制措施，同时应用单克隆斑点试验区别野毒感染病马和疫苗免疫马，全国的马传贫防控工作进入马传贫稳定控制和考核验收的阶段。特别是21世纪以来，完全停止使用疫苗，全面严格执行主动检疫结合扑杀病马的策略，将马传贫防控工作向2020年全国消灭马传贫的宏伟目标全力推进，胜利就在不远的前方。

附　录

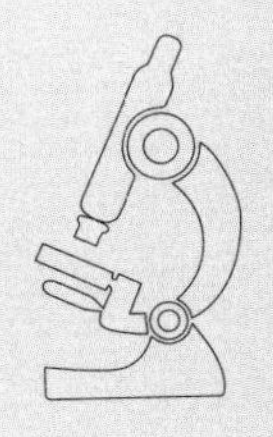

附录一 马传染性贫血琼脂凝胶免疫扩散试验操作方法

一、检验用琼脂板的制备

（1）取优质琼脂1g，直接放入含有1/ 10 000硫柳贡的100mL的PBS或BBS中，用热水浴融化混匀。

（2）融化后以两层纱布夹薄层脱脂棉过滤，除去不溶性杂质。·

（3）将直径90mm的平皿放在水平台上，每平皿到入热融化琼脂液15～18mL，厚度约2.5mm，注意不要产生气泡，冷凝后加盖，把平皿倒置，防止水分蒸发，放在普通冰箱中可保存2周左右。

琼脂经处理后配成琼脂液，可装瓶中用胶塞盖好，以防水分蒸发，待使用琼脂板时，现融化现例。

（4）打孔。反应孔现用现打了。打孔器为外径5mm的薄壁型金属管组成的七孔型图案，孔间距3mm。

二、抗原

检验用抗原按马传贫琼脂凝胶免疫扩散抗原生产制造及检验试行规程进行生产。

三、血清

1. **检验用标准阳性血清** 为能与合格抗原在12h内产生明显致密的沉淀线的传贫马血清，做16倍稀释仍保持阳性反应者。小量分装，冻结保存，使用时要注意防止散毒。

2. **受检血清** 来自受检马匹的不腐败的血清，勿加防腐剂和抗凝剂。

四、抗原及血清的添加

在七孔型的中央孔加抗原，1、3、5孔加检验用标准阳性血清，其余2、4、6孔分别加入受检血清。加至孔满为止。平皿加盖，待孔中液体吸干后，将平皿倒置，以防水分蒸发；置15～30℃条件下进行反应，逐日观察3d并记录结果。

五、判定

1. 阳性　当检验用标准阳性血清与抗原孔之间只有一条明显致密的沉淀线时，受检血清孔与抗原孔之间形成一条沉淀线或者阳性血清的沉淀线末端向毗邻的受检血清的抗原偏弯者，此种受检血清为阴性。

2. 阴性　受检血清与抗原孔之间不形成沉淀线，或者标准阳性血清孔与抗原之间的沉淀线向毗邻的受检血清孔直伸或向受检血清抗侧偏弯者，此种受检血清为阴性。

在观察结果时，最好从不同折光角度仔细观察平皿上抗原孔与受检血清之间有无沉淀线。为了观察方便可在与平皿有适当距离的下方，置一黑色纸如黑卷皮等，有助于检查。

判定时要注意非特异性沉淀线。例如当受检马匹近期注射过组织培养疫苗的乙型脑炎疫苗等，可见与检验用标准阳性血清的沉淀线末端不是融合而为交叉状、两个血清间产生的自家免疫沉淀线等。

六、各种溶液的配制

1. pH7.4的0.1mol/L磷酸盐缓冲液（PBS）

磷酸氢二钠	2.9g
磷酸二氢钾	0.3g
氯化钠	8.0g
蒸馏水加至	1 000mL

2. pH8.6硼酸盐缓冲液（BBS）

四硼酸钠	8.8g
硼酸	4.65g
蒸馏水加至	1 000mL

3. 硫柳贡溶液

硫柳贡	1g
蒸馏水加至	100mL

马传染性贫血酶联免疫吸附试验（间接法）

一、总则

本规程所规定的酶联免疫吸附试验（ELISA）适用于马传染性贫血病的检疫，也可以用于马传染性贫血病弱毒疫苗免疫马抗体的检测。

二、材料准备

1．器材。

（1）聚苯乙烯微量反应板。

（2）酶标测定仪。

2．抗原，酶标记抗体和阴、阳性标准血清。

3．试验溶液。

（1）抗原稀释液。

（2）冲洗液。

（3）酶标记抗体及血清稀释液。

（4）底物溶液。

（5）反应终止液。

三、操作方法

1．**包被抗原**　用抗原稀释液将马传贫ELISA抗原作20倍稀释，用微量移液器将稀释抗原加到各孔内，每孔100μL，盖好盖，置4℃冰箱放置24h。

2．**冲洗**　甩掉孔内的包被液，注入冲洗液浸泡3min，甩干，再重新注入冲洗液，按此方法洗3次。

3. **加被检血清** 每份被检血清及阳性对照、阴性对照血清均以血清稀释液作20倍稀释，每份被检血清依次加两孔，每孔加100μL。每块反应板均需设阳性及阴性对照血请各两孔盖好盖，与37℃作用1h。

4. **冲洗** 方法同“1”。

5. **加酶标记抗体** 将酶标记抗体用稀释液做1 000倍稀释，每孔加100μL，盖好盖37℃作用1h。

6. **冲洗** 方法同“1”。

7. **加底物溶液** 每孔加新配制的底物溶液100μL，于室温避光反应10min。

8. **终止反应** 每孔加入2mol/L的H_2SO_4 50μL进行终止。

9. **比色** 用酶标仪进行OD值的测定（波长）。

四、结果判定

用酶标测试仪测定各孔OD值，阳性对照血清两孔平均OD值大于1.0、阴性对照血清两孔平均OD值小于等于0.2为正常反应。按以下标准判定结果：被检血清的两孔平均OD值与阴性对照血清的两孔平均OD值之比不小于2，且被检血清的两孔平均OD值在0.2以上者，判为马传贫病毒抗体阳性；否则为阴性。

马传染性贫血鉴别诊断

病　名	病因和流行特点	主要症状	特征病变
马传染性贫血	本病主要是通过吸血昆虫（厩蝇、蚊类和虻类）接触病马的血液及各种分泌物等引起感染。具有明显季节性，在吸血昆虫滋生活跃的季节（7—9月）多发，常呈地方性流行或散发。新疫区多呈暴发，急性型多，老疫区则断断续续发生，多为慢性型	感染马主要表现为发热（稽留热和间歇热）、贫血、黄疸、出血、心搏动亢进，以及四肢下部、胸前、腹下等部位多处浮肿。临诊一般可以分为急性、亚急性和慢性三种类型	发病马主要表现为全身败血症变化、贫血、网状内皮细胞增生反应和铁代谢障碍。急性型，主要呈现败血性变化；亚急性型和慢性型，贫血和网状内皮细胞增生反应表现明显，而败血性变化表现轻微
马鼻疽	由鼻疽伯氏菌引起的马属动物传染病。经由病马与健马同槽饲喂而经消化道传染；或经损伤的皮肤、黏膜而传染；也可经呼吸道传染，个别可经胎盘和交配传染。一年四季均可发生	流鼻液。常可发生鼻出血。活动型马鼻疽有稽留型或弛张型高热，进行性高热，可见黏膜苍白、黄染、血沉加快，可见吞铁细胞等颌下淋巴结肿胀。皮肤或皮下组织发生鼻疽结节，结节破溃后形成深陷的溃疡。结节常沿淋巴管径路附近蔓延，形成串珠状索肿	在鼻腔黏膜、肺和皮肤及相应的淋巴结，形成特异性鼻疽结节、溃疡、瘢痕，以及发生鼻疽性支气管肺炎，也可在脾、肝等器官形成鼻疽结节。常有颌下淋巴结肿大，脓性或血样鼻漏和鼻腔溃疡等变化
马焦虫病	本病有一定的地区性和季节性。马焦虫病通常发生于3—5月。四联焦虫病发生于6—7月	马焦虫病高热稽留，食欲下降，黄疸症状明显。病势发展很快，几天之内，病马显著消瘦。发热时血沉加快，红细胞减少，出现不同型的吞铁细胞	黄疸，出血明显。脾显著肿大，髓质易流出。肝肿大。肾松软。膀胱蓄积黏稠混浊尿液。肝细胞变性、坏死及胆色素沉着。网状内皮细胞核脾髓淋巴球增生不明显。脾内含铁血黄素不完全消失

（续）

病　名	病因和流行特点	主要症状	特征病变
马锥虫病	由血锥虫引起的疾病，多发生于南方各省	马锥虫临床血液学变化类似马传贫。急性病例呈稽留热或弛张热，慢性病例呈间歇热。体表常出现浮肿	其中病马可见到外生殖器官发生水肿、结节、溃疡和白斑。在躯体皮肤上见到圆形丘疹，颜面神经麻痹；从外生殖器官黏膜刮取物中可检出虫体，使用抗锥虫病药物有明显疗效。肝组织学变化主要是肝细胞溶解坏死，网状内皮细胞常无增生现象
马腺疫	本病是由马链球菌马亚种感染所致的一种细菌性传染病。马对本病最易感，骡和驴次之。4个月至4岁的马最易感，尤其1～2岁马发病最多，1～2月龄的幼驹和5岁以上的马感染性较低。多发生于春、秋季节，一般从9月开始至翌年3、4月结束，其他季节多呈散发	病马颌下淋巴结肿胀明显，可达鸡卵大或拳头大，充满整个下颌间隙。其周围炎性肿胀剧烈，甚至波及颜面部和喉部，初硬固、热痛，以后肿胀或逐渐成熟变软，并常有一处或多处呈现波动。波动处被毛脱落，皮肤变薄，并于皮肤表面渗出浅黄色液体，继而脓肿破溃，流出大量黄色黏稠乳脂状的脓液。不发生转移性脓肿或并发症，病畜可逐渐痊愈，病程2～3周。转为恶性腺疫者，可因极度衰弱或继发脓毒败血症而死亡	常见的是鼻黏膜和淋巴结的急性化脓性炎症。此外，还可见到脓毒败血症的病理变化，在肺、肾、心、乳房、肌肉和脑等处，见有大小不一的化脓灶和出血点，并有化脓性心包炎、胸膜炎和腹膜炎
马营养性贫血	不是传染病	体温不高。血沉加快，红细胞减少，红细胞有时呈低色素性贫血现象，血液中无吞铁细胞。其他无明显变化	贫血及浮肿明显，血液较稀薄。体腔内常有数量不等的水肿液。实质脏器变性，有时萎缩。肝、脾一般无网状内皮细胞增生

（续）

病　名	病因和流行特点	主要症状	特征病变
马钩端螺旋体病	由感染钩端螺旋体所引发，多发生于南方各省，北方也有发生，流行于9—10月，洪水泛滥后易引起暴发	马钩端螺旋体病马、骡感染后大多数不呈现明显临床症状，少数马会呈现发热、贫血、出血及肾炎等症状。发热时血沉加快，胆红素增加，可在尿和血液中检出钩端螺旋体	黄疸、贫血明显。肾显著肿大、肝肿大，呈黄黏土色。脾常不肿大。肾小管上皮细胞有弥漫性铁质沉着，细胞病变、坏死。肝一般无网状内皮细胞增生